EIN GASWECHSELSCHREIBER

ÜBER VERSUCHE ZUR FORTLAUFENDEN REGISTRIERUNG
DES RESPIRATORISCHEN GASWECHSELS AN MENSCH UND TIER

VON

DR. HERMANN REIN

O. PROFESSOR AN DER UNIVERSITÄT GÖTTINGEN
DIREKTOR DES PHYSIOLOGISCHEN INSTITUTS

MIT 24 ABBILDUNGEN

SPRINGER-VERLAG BERLIN HEIDELBERG GMBH 1933

ISBN 978-3-662-32230-7   ISBN 978-3-662-33057-9 (eBook)
DOI 10.1007/978-3-662-33057-9

SONDERABDRUCK AUS
ARCHIV FÜR EXPERIMENTELLE PATHOLOGIE UND PHARMAKOLOGIE BD. 171

ALLE RECHTE, INSBESONDERE DAS DER ÜBERSETZUNG
IN FREMDE SPRACHEN, VORBEHALTEN.

Inhalt.

	Seite
1. Einleitung	1
2. Die fortlaufende CO_2-Analyse	2
3. Die fortlaufende Messung des Sauerstoffverbrauches	15
4. Anordnung zur gleichzeitigen Registrierung von 1 und 2	21
5. Die Atemvolumenschreibung	25
6. Praktische Beispiele. Bestimmung von Ruhe- und Arbeitsumsatz am Menschen.	31
7. Anwendung im Tierversuch	39

1. Einleitung.

Es fehlt nicht an Methoden den Gaswechsel von Tier und Mensch im Mittelwert für längere Zeitabschnitte zu bestimmen und auch nicht an solchen, welche in kurzen Zeitabständen stichprobenhafte Kontrollen des Verlaufes von gröberen Stoffwechselumstellungen zulassen. Diese Methoden sind in vielfältiger Anwendung zur Bestimmung von „Grundumsatz", „Leistungszuwachs" und ähnlichen Größen. Ihre Bedeutung soll nicht verkannt werden und die nachfolgend beschriebenen experimentellen Bemühungen stellen in keiner Weise einen Versuch dar, diese Verfahrungsweisen zu ergänzen, zu verbessern oder zu verdrängen. Die für den Verfasser zur Beantwortung bestimmter Fragestellungen notwendige Möglichkeit der fortlaufenden Registrierung des mittleren Atemvolumens, wobei das Volumen als Ordinate, die Zeit als Abszisse auftritt, unabhängig von jeweiliger Atemfrequenz und Atemtiefe, gleichzeitig mit einer selbsttätigen Aufzeichnung der Sauerstoff- und CO_2-Spannung in der Ausatmungsluft über möglichst kurze oder aber auch über beliebig ausgedehnte Zeitabschnitte wird durch keines der bisher bekannten Verfahren geboten. Vor allem wäre mit den bekannten Methoden, selbst soweit sie registrierende sind, nicht möglich gewesen, den Ablauf des Gaswechsels gleichzeitig mit Kreislauf- und anderen Vorgängen quantitativ vergleichend aufzuzeichnen. Die Sachlage forderte die Schaffung neuer Methoden. In dieser Zeitschrift wurden vor 1 Jahr (1) kurz die ersten Versuche in dieser Richtung mitgeteilt. Inzwischen konnten bessere und völlig andere Prinzipien zur Grundlage gemacht werden.

2. Die fortlaufende CO_2-Analyse.

In der Technik nutzt man seit etwa 20 Jahren mit Erfolg die Veränderung der Wärmeleitfähigkeit oder aber neuerdings auch des Lichtbrechungsvermögens von Gasgemischen durch den wechselnden CO_2-Gehalt zu dessen fortlaufendem quantitativem Nachweis aus. Die einfache Übernahme dieser Methoden in die Physiologie, wie sie für das erstgenannte Prinzip — Änderung der Wärmeleitfähigkeit — beispielsweise von

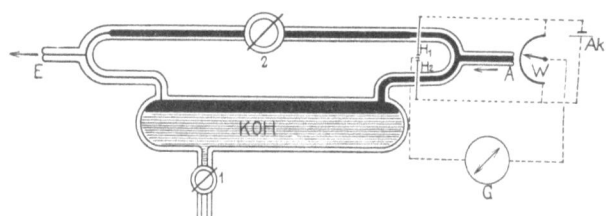

Abb. 1. Schematische Darstellung der Anordnung zur Bestimmung der Kohlensäurespannung. Bei A Eintritt der Luft, bei E Austritt. H_1 und H_2 Hitzdrahtdüsen. W Kurbelwiderstand. G Galvanometer. Ak Akkumulator.

Knipping (2) versucht wurde, muß fehlschlagen, weil, abgesehen von den für unsere physiologischen Zwecke viel niedereren Konzentrationsbereichen, in der Ausatmungsluft gleichzeitig mit den CO_2-Spannungen immer die Sauerstoffspannung in verschiedenem Umfange sich ändert. Aber auch diese Veränderung beeinflußt die obengenannten physikalischen Eigenschaften des Gasgemisches in dem für uns in Frage kommenden Konzentrationsbereich. Eindeutige quantitative Angaben sind darum nicht zu erwarten.

Ein streng spezifischer quantitativer Nachweis der jeweiligen CO_2-Spannung wurde durch die in Abb. 1 wiedergegebene einfache Anordnung möglich.

Durch eine 1 mm weite Kapillare wird bei „A" die zu analysierende Luft in gleichmäßigem Strom von 10—50 ccm/Min fortlaufend eingesaugt. Dies geschieht durch Anschluß eines Aspirators — etwa einer großen leerlaufenden Flasche — an das andere Ende „E" der Apparatur. Die Eingangskapillare teilt sich bald in zwei gleich weite Schenkel, deren einer in ein gestrecktes Laugengefäß „KOH", deren anderer in eine dazu parallel verlaufende Röhre von 2 mm Weite führt. Der Strömungswiderstand dieser letzteren kann durch einen mittelständigen Hahn „2" verändert werden, so daß der zeitliche Durchfluß durch beide Äste genau gleich ist. Gleichheit oder Ungleichheit der Strömung in beiden Ästen läßt sich genauestens messen dadurch, daß je ein elektrisch geheizter Hitzdraht in entsprechender Düse (s. unten), (H_1 und H_2) das Lumen der Kapillaren durchzieht. Beide Hitzdrähte sind mit einem Widerstand W (Kurbelwiderstand von 200 Ohm), einem Akkumulator und einem einfachen Spiegelgalvanometer G (sogenanntes Kleingalvanometer der Firma „Vereinigte Göttinger Werke", Empfindlichkeit $= 10^{-7}$ Amp., Einstellzeit $= 1{,}2$ Sekunden, Spitzenlagerung) zu einer Brückenschaltung in bekannter Weise vereinigt. Der Brückenakkumulator dient vermöge der bestehenden Widerstandsverhältnisse in der Anordnung zugleich als Heizstromquelle für die Hitzdrähte. Strömungsgleichheit in beiden Röhren läßt das Galvanometer in Ruhe verharren. Ebenso wird bei Gleichheit der Hitzdrahtdüsen gleichsinnige und gleich große Strömungsänderung in beiden Röhren gleichzeitig eintretend zu keinem Ausschlag führen. Dagegen wird jede Ungleichheit der Strömung sehr empfindlich angezeigt werden müssen, vor allem, wenn sie in den beiden Röhren gleichzeitig in entgegengesetztem Sinne eintritt — etwa bei H_1 im Sinne einer Verlangsamung und bei H_2 im Sinne einer Beschleunigung.

Zur Füllung des Laugengefäßes dient eine Lösung von 10%iger KOH. Entleerung und Füllung erfolgt durch den Hahn 1. Das eingesaugte Gasgemisch streicht über die Oberfläche der Lauge und vereinigt sich mit dem abgezweigten Parallelstrom, der durch die obere Röhre und den Hahn 2 verläuft, kurz vor „E" durch Kapillaren von nur 0,4 mm lichter Weite. Alle Gasräume der Apparatur sind in der Abbildung zur besonderen Kennzeichnung schwarz dargestellt. Wird durch die Anordnung Frischluft in gleichmäßigem Strome durchgesaugt, so ist, vor allem wenn dieser vorher durch Natronkalk die Kohlensäure entrissen wurde, keine Veranlassung gegeben, daß das Galvanometer einen Ausschlag zeigt. Durch den Widerstand W muß vorher die Brückenanordnung genau abgeglichen worden sein. Tritt mit Beginn des Absaugens ein Galvanometerausschlag ein, so ist er durch entsprechende Einstellung des Hahnes 2 zu kompensieren. Einsaugung von Frischluft in das abgeglichene System ergibt also die Lage der Nullinie. Sobald dann an Stelle der Frischluft kohlensäurehaltige Luft in das System gelangt, wird das Galvanometer einen Ausschlag zeigen und zwar im Sinne einer Strömungsverlangsamung am Hitzdraht H_1 bei gleichzeitiger Strömungszunahme am Hitzdraht H_2. Die Strömungsveränderung kommt dadurch zustande, daß im Adsorptionsgefäß die Kohlensäure während des Durchströmens adsorbiert wird. Folge hiervon ist eine der schwindenden Molekülzahl proportionale Drucksenkung in der Kammer über der Laugenoberfläche, die sich sofort wieder auszugleichen strebt. Der Druckausgleich wird, bei der erheblich verschieden gehaltenen lichten Weite der zu- bzw. abführenden Kapillaren über den Weg des geringsten Strömungswiderstandes sich abspielen, woraus sich eine Veränderung des vorher gleichmäßigen Luftstromes ergeben muß. Es erscheint notwendig, diesen Vorgang quantitativ darzustellen.

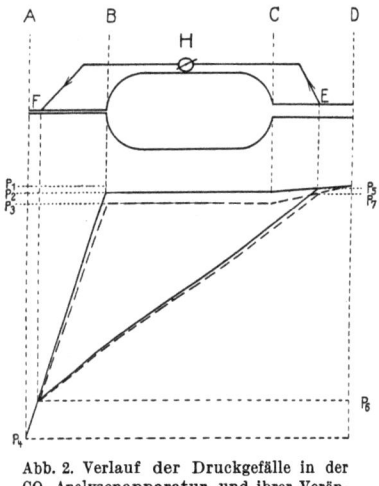

Abb. 2. Verlauf der Druckgefälle in der CO_2-Analysenapparatur und ihrer Veränderungen (s. Text).

Die Abb. 2 zeigt oben ein Schema der Anordnung. A—B ist die Absaugleitung, B—C das Adsorptionsgefäß, C—D die Zuleitung. Unten ist das Diagramm des Druckverlaufes in den einzelnen Abschnitten des Systems gezeichnet. Die Druckgefälle in den gleich langen Rohrgebieten A—B und C—D müssen sich bei den in Frage kommenden Geschwindigkeiten, bei gleichen Durchflußmengen pro Zeiteinheit verhalten wie $\frac{1}{r_1^4} : \frac{1}{r_2^4}$, wenn r_1 und r_2 die Radien der Kapillaren darstellen. In unserer Versuchsanordnung ist $r_1 = 0{,}2$ mm, $r_2 = 0{,}5$ mm. Folglich ist das Verhältnis der Druckgefälle $p_2 - p_4 : p_1 - p_2 = 625 : 16$. Wenn, wie das in der Tat der Fall ist, das Gesamtdruckgefälle $p_1 - p_4$ durch das System konstant gehalten und nunmehr im Adsorptionsgefäß (B—C), in welchem ein Druckgefälle praktisch zu vernachlässigen ist, durch Adsorption eines aliquoten Gasbestandteiles der Druck von p_2 auf p_3 gesenkt wird, ändert sich zwangsläufig das Verhältnis der Druckgefälle in A—B und C—B. In der engeren Absaugkapillare A—B erfolgt eine Senkung um den gleichen Betrag, um welchen das Gefälle in der Einstromleitung

C—D steiler wird. Da der Strömungswiderstand der Kapillaren unverändert bleibt, wird in A—B und C—D der in beiden zunächst gleiche Luftstrom im Verhältnis der Druckgefälleänderungen verschoben werden müssen. Das Ergebnis ist eine ganz unwesentliche Senkung der Stromgeschwindigkeit in A—B, dagegen eine beträchtliche Stromzunahme in C—D. Zahlenmäßig ist in der von uns gebrauchten Anordnung unter Zugrundelegung der obengenannten Zahlen für das initiale Kapillardruckgefälle das Verhältnis der Strömungsänderungen:

$$-\frac{p_2 - p_3}{625} : +\frac{p_2 - p_3}{16}.$$

Der Druckausgleich bei Adsorption von Gas im Adsorptionsgefäß erfolgt also fast ausschließlich durch die weitere Zuflußkapillare im Sinne einer Strömungszunahme.

Zu dem bisher besprochenen System liegt im Nebenschluß eine Rohrverbindung F—H—E, deren Gesamtströmungswiderstand durch den Hahn H (entspricht dem Hahn 2 der Abb. 1) so einreguliert werden kann, daß der Luftdurchfluß dem des Hauptsystems völlig gleich ist. Das Gesamtdruckgefälle in diesem Nebenschlußsystem läßt sich im Druckdiagramm der Abb. 2 darstellen als p_5—p_6. Tritt die oben erörterte plötzliche Drucksenkung im Adsorptionsgefäß durch Bindung von CO_2 ein, so kann auch der Durchfluß durch F—H—E nicht unverändert bleiben. Entsprechend den Angaben des Diagramms wird dort das Druckgefälle kleiner, nämlich zu p_7—p_6. Der Gasstrom wird also langsamer werden.

Die Strömungsänderungen müssen proportional der Drucksenkung im Gefäß, damit aber auch proportional der pro Zeiteinheit adsorbierten Gasmenge, d. h. der CO_2-Konzentration des abgesaugten Gemisches gehen.

Der quantitativen Erfassung der Strömungsänderung dienen die Hitzdrähte H_1 und H_2 in Abb. 1. Da beide Drähte, wie dort ersichtlich ist, als zwei Äste einer Wheatstoneschen Brücke geschaltet sind, wird sich Strömungsabnahme im Hitzdraht H_1 und Strömungszunahme im Hitzdraht H_2 gleichsinnig — also gegenseitig verstärkend — auf die Ausschläge des Brückengalvanometers auswirken müssen.

Die Beziehung zwischen dem Galvanometerausschlag g und der CO_2-Konzentration c der eingesaugten Luft $\left(\frac{dg}{dc}\right)$ hängt vor allen Dingen ab von der Arbeitsweise der Hitzdrahtdüsen. Die von meinem Mechaniker, Herrn Hampel, mit viel Geduld und Geschick ausgeführten Düsen zeigt Abb. 3 im Längs- und Querschnitt. Als Material wurde Bakelit verwendet, das sich durch seine schlechte Leitfähigkeit für Elektrizität und Wärme auszeichnet. Die Düsen sind aus einem Stück gedreht und gebohrt. Die Mittelscheibe dient zur sicheren Montage der Ableitungsklemmen für den Hitzdraht. Dieser selbst wird als Wollaston-Draht mit 10 μ dicker Platinseele durch sechs mit einer entsprechenden Lehre sauber angesetzte Bohrungen S-förmig quer durch das 2 mm lichte Düsenrohr geführt, so daß dessen Lumen von drei genau parallelen Drähten durchspannt ist. Die Bohrungen werden mit Bakelitlack homogen gedichtet und die Drahtenden außen mit den Klemmschrauben verlötet. In das Düsenlumen wird nach völliger Trocknung vorsichtig HNO_3 eingesaugt zur Abätzung der Silberschale der Drähte. Wesentlich ist, daß das Einziehen der Drähte mit der richtigen Spannung erfolgt, um einen Abriß während oder nach der Ätzung zu verhüten.

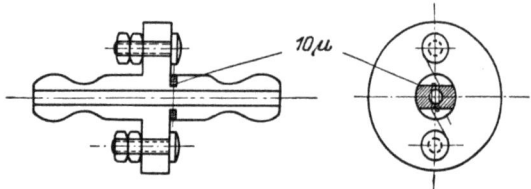

Abb. 3. Die verwendete Hitzdrahtdüse im Längs- und mittleren Querschnitt.

Die Anwendung der Hitzdrahtdüsen zur Messung von Gasgeschwindigkeiten ist ein seit etwa 1905 in der Technik geübtes Verfahren. In die physiologische Methodik wurde es meines Wissens durch Anrep, Downing u. Rau (3) eingeführt. Eine der unseren ähnliche Hitzdrahtdüse wurde von E. Holzlöhner (Z. f. Biol. 91, 531) angegeben und verwendet. Die Beziehung zwischen Gasstrom, Kühlwirkung desselben auf den elektrisch geheizten Draht und Veränderung des elektrischen Widerstandes ist von den Physikern eingehend untersucht. Von einer Kopie theoretischer Erörterungen soll deshalb abgesehen werden. Ich begnüge mich mit einem Hinweis auf die sorgfältige Zusammenstellung Burgers im „Handbuch der Experimentalphysik" von Wien-Harms (4).

Die Größe des Wärmeverlustes Q, den ein elektrischer Glühdraht bestimmter Dicke (d) und Länge (l) in einem senkrecht darauf gerichteten Gasstrom bestimmter Lineargeschwindigkeit (w) bei bestimmter Wärmeleitfähigkeit ($\varkappa$) spezifischer Wärme (c_p) und Dichte (ϱ) erleidet, wenn die Drahttemperatur mit Θ und die Gastemperatur mit Θ_0 bezeichnet wird, ist nach L. V. King gegeben durch die Formel:

$$Q = 2\pi\varkappa(\Theta - \Theta_0)\, l \, \frac{1}{e \log \dfrac{\varkappa}{\varrho \cdot c_p \cdot w \cdot d} + 1{,}12}\cdot$$

Sie gibt mancherlei Anhaltspunkte für die zweckmäßige Anordnung der Hitzdrähte und wurde der Ausarbeitung unseres Verfahrens zugrunde gelegt. Die Schwierigkeit lag darin, daß aus dem Wärmeverlust des elektrisch geheizten Drahtes (bzw. dessen Widerstandsänderung) ausschließlich auf w geschlossen werden sollte, während doch gleichzeitig mit allen Veränderungen dieser Größe auch $\varkappa, \varrho$, und c_p eventuell sogar auch Θ_0 ständige Schwankungen aufweisen müssen. Sie wurde überwunden durch die Anordnung der Hitzdrähte in der aus Abb. 1 ersichtlichen Weise. Sie liegen in zwei parallel geschalteten Rohrleitungen in gleichem Abstand vom Einströmungspunkt entfernt und müssen der Einwirkung der eingesaugten Gasprobe gleichzeitig und gleichsinnig ausgesetzt sein. Dadurch werden Änderungen der Leitfähigkeit, spezifischen Wärme- und Gasdichte sich selbst kompensierend über das Brückengalvanometer niemals zur Auswirkung kommen können, ja selbst Temperaturschwankungen der eingesaugten Gasprobe und Inkonstanz der Absaugung durch das Gesamtsystem werden belanglos sein. Die Galvanometerangaben können sich zwangsläufig nur auf Strömungsdifferenzen in den beiden Rohrleitungen beziehen, und somit eine streng spezifische Messung der CO_2-Adsorption im oben erörterten Sinne ermöglichen.

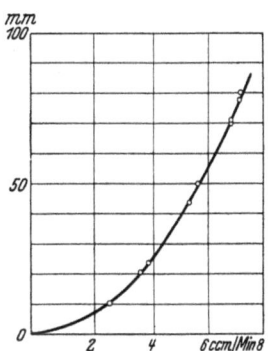

Abb. 4. Arbeitsweise der Hitzdrahtdüsen: Beziehung zwischen Galvanometerausschlag (Ordinate) und Luftströmung in der Düse (Abszisse).

Die Beziehung zwischen Galvanometerausschlag g und CO_2-Konzentration c wird maßgeblich bestimmt durch die Größe $\frac{dw}{dg}$ der Hitzdrahtdüsen. Die Abb. 4 gibt diese experimentell ermittelte Beziehung einer Düse in den in Frage kommenden Geschwindigkeitsbereichen. Die Düsen sind horizontal angeordnet mit 0,07 Watt geheizt, das Galvanometer durch Nebenschluß in seiner Empfindlichkeit regulierbar. Eine vertikale Anordnung der Düse würde durch das Auftreten eines natürlichen Wärmekonvektionsstromes im Gebiet der niederen Werte die Kurve entstellen. Im Gebiet der obersten Geschwindigkeitsbereiche werden geringfügige Strömungsänderungen praktisch lineare Beziehungen zwischen Galvanometerausschlagsänderungen und Strömungsveränderung ergeben. Daraus durfte man vermuten, daß bei Wahl einer entsprechenden Durchsauggeschwindigkeit die Beziehung zwischen CO_2 und g als gerade Linie verlaufen wird. Das Experiment bestätigte dies. Die

Tabelle und Abb. 5 bringen das Ergebnis von Eichungen mit definierten Gasgemischen (Analyse mit van Slykeschem Analysenapparat).

Tabelle.

Datum 1933	% CO_2	− % O_2	Respiratorischer Quotient	Galvanometer-Ausschlag für CO_2 in mm
4. IV.	3,10	3,49	0,87	29
	4,9	6,54	0,75	45
	2,6	3,29	0,79	22,5
5. IV.	4,15	4,79	0,87	39,5
	4,9	5,94	0,82	46
	2,3	2,34	0,98	21

Bedeutungsvoll erscheint ein Hinweis darauf, daß die Eichwerte sich an verschiedenen Tagen gleichen. Aus dem Umstand, daß sie ohne Rücksicht auf die jeweilige O_2-Spannung des Gemisches konstant liegen, geht hervor, daß die Anordnung in der Tat streng spezifische Angaben über die CO_2-Spannung liefert. Bei der gewählten Galvanometerempfindlichkeit entspricht die Empfindlichkeit der Anordnung der des van Slyke-Apparates mit 65 cm langer 10 ccm-Pipette. Das verwendete Galvanometer, ein Drehspulgalvanometer mit Spitzenlagerung, einer Einstellgeschwindigkeit von 1,2 Sekunde und einer Stromempfindlichkeit von 10^{-7} Amp. würde mit Leichtigkeit eine Empfindlichkeitssteigerung auf das vierfache durch Beseitigung des Nebenschlusses ermöglichen. Die Abb. 6 zeigt Originaleichkurven, dadurch gewonnen, daß definierte Gasgemische aus einem Mischgefäß durch die Apparatur gesaugt wurden. Die Anordnung ist so getroffen, daß entweder Frischluft oder durch Umstellung eines Hahnes Eichgemische eingelassen wurden, die Analyse der Frischluft ist gleichbedeutend der Nullinie. Durch entsprechende Hahnstellungen ist es möglich, deren Lage jederzeit bequem festzustellen, was bei Verwendung aller Hitzdrahtmethoden bekannterweise unerläßlich ist. Man beachte die Konstanz der Null-Linie unserer Anordnung. Die gleichzeitig geschriebene O_2-Kurve sei zunächst vernachlässigt.

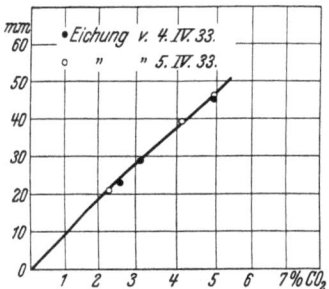

Abb. 5. Beziehungen zwischen Galvanometerausschlag und CO_2-Konzentration von Eichgemischen. Eichung am 4. VI. und Nacheichung am nächsten Tage.

Bei allen Registriersystemen ist zur Beurteilung der registrierten Kurven die Kenntnis der Einstellgeschwindigkeit notwendig. Die Betrachtung der Kurve in Abb. 6 kann die Vorstellung von einer beträchtlichen „Trägheit" unseres Systemes erwecken. Der Übergang von der Null-Linie, bzw. Frischluftanalyse auf die Eichlinie bzw. Gemischanalyse,

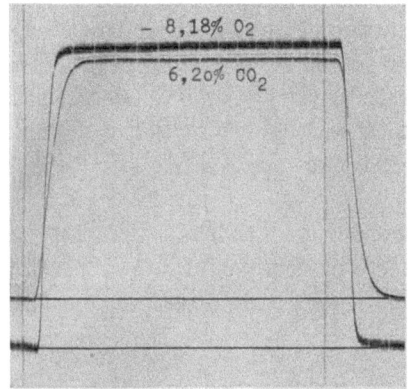

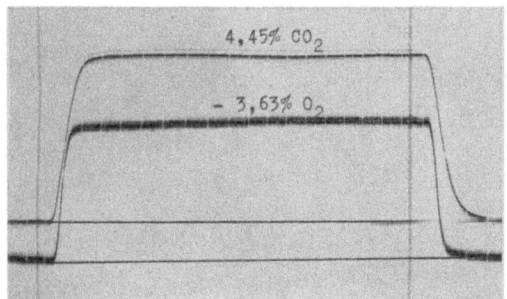

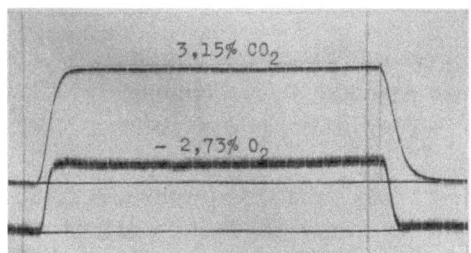

Abb. 6. Originaleichkurven mit gleichzeitiger Schreibung der CO_2-Konzentration und der prozentualen O_2-Verarmung (verglichen mit Frischluft) in verschiedenen Eichgemischen. Die Null-Linien sind gleichbedeutend mit der Analyse von Frischluft. Zeitschreibung = 10 Sekunden.

nimmt 23 Sekunden in Anspruch. Es wäre aber gänzlich verfehlt, diesen Ablauf etwa gleichzusetzen der Einstellung eines beträchtlich „trägen" Galvanometers oder mechanischen Registriersystemes. Daß etwas ganz anderes vorliegt wird der Sachkundige schon aus der Form der Kurven folgern. Ihr Ablauf entspricht vielmehr sehr genau dem wirklichen Ablauf des Konzentrationsganges der eingesaugten Luft für CO_2. In einem der eigentlichen, in Abb. 1 gezeigten Apparatur vorgeschalteten Gefäß, das zur Durchmischung und Entwässerung der Luft dient ($CaCl_2$-Füllung) wird zunächst noch Frischluft vorhanden sein, welche sich mit der von einem bestimmten Zeitpunkt an eingelassenen kohlensäurehaltigen Luft mischt und schließlich von solcher gänzlich verdrängt wird. Dieser Vorgang ist es, welcher im An- und Abstieg der Eichkurve zum Ausdruck kommt.

Für die Bestimmung der wirklichen „Trägheit" gilt es die Einstellzeit des verwendeten Galvanometers und die Einstellzeit des Hitzdrahtes zu kennen. Die Abb. 7 zeigt beide direkt in Originalkurven.

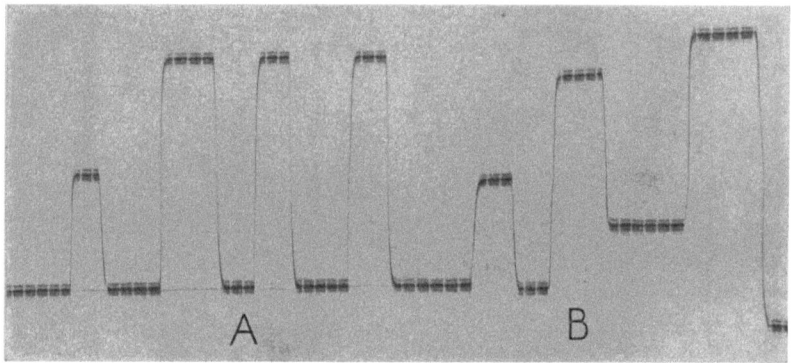

Abb. 7. Einstellzeit der verwendeten Galvanometer. *A* bei Änderung des Brückenwiderstandes. *B* bei Änderung des Luftstromes in den Hitzdrahtdüsen. Zeitmarken = 2 Sekunden.

Bei den gegebenen Widerstandsverhältnissen in der Schaltungsanordnung ist der Ausschlag des Galvanometers völlig aperiodisch und die Einstellzeit — bei Änderung des Brückenpotentiales — beträgt 1,1—1,2 Sekunde.

Die „Trägheit" des Hitzdrahtes — wenn dieser Ausdruck der Mechanik überhaupt auf ein thermisches System angewendet werden darf — läßt sich theoretisch angenähert bestimmen. Als wichtigste Größe fungiert dabei verständlicherweise die Wärmekapazität C des Hitzdrahtes. Ein Ausdruck für die Einstellgeschwindigkeit wäre die Widerstandsänderung pro Zeiteinheit, also: $\frac{dr}{dt}$.

Hat man eine konstante Luftströmung, so wird sich ein Gleichgewichtszustand zwischen der im Draht durch den elektrischen Heizstrom i bei einem Widerstand r gebildeten Wärme ($=0{,}239 \cdot i^2 \cdot r$) und der durch die Luftströmung von der Geschwindigkeit w bei dem Widerstand r konvektiv abgeführten Wärmemenge Q [$= Q(w, r)$] einstellen. Aus dem Gleichgewichtszustand

$$0{,}239\, i^2\, r = Q(w, r) \qquad (1)$$

läßt sich der partielle Differentialquotient $\dfrac{\partial Q}{\partial r}$ ($w = $ const) berechnen, der Auskunft gibt über die gegenseitige Abhängigkeit von Drahtwiderstand und konvektiver Wärmeabfuhr, also:

$$\frac{\partial Q}{\partial r} = 0{,}239 \left(i^2 + 2ir \frac{\partial i}{\partial r} \right). \qquad (2)$$

Der Ausdruck $\dfrac{\partial i}{\partial r}$ bezeichnet die Abhängigkeit der Heizstromstärke i des Hitzdrahtes vom Widerstand r bei konstanter Luftströmung.

Während einer Strömungsänderung wird sich der Wärmeinhalt des Drahtes ändern, und zwar wird:

$$C \frac{d\Theta}{dt} = 0{,}239 \cdot i^2 \cdot r - Q(w, r), \qquad (3)$$

wobei die Werte von i und r natürlich die Gleichung (1) nicht befriedigen können! Bezeichnet man als r' den Wert von r, der bei konstantem w und i — das letztere wird in unserer Anordnung ja stets konstant gehalten — die Gleichung (1) erfüllt und erweitert die Gleichung (3) durch (2), so findet man:

$$C \frac{d\Theta}{dt} = -0{,}478 \cdot i \cdot r \frac{i}{r}(r - r'), \qquad (4)$$

und schließlich:

$$\frac{dr}{dt} = \frac{-0{,}478 \cdot i \cdot r \frac{\partial i}{\partial r}}{C} \cdot \frac{dr}{d\Theta} \cdot (r - r'). \qquad (5)$$

$\dfrac{dr}{d\Theta}$ ist dabei der Temperaturkoeffizient des elektrischen Widerstandes des Hitzdrahtes.

Größenordnungsmäßig liegt für unsere Hitzdrähte bei den in Frage kommenden Umstellungen von w nach dieser Berechnungsweise die Einstellzeit bei $1/300$—$1/400$ Sekunde. Der durch die Düsenwände verursachte Fehler läßt sich dabei nicht mitberechnen. Er wird sich im Sinne einer Vergrößerung der Einstellzeit auswirken müssen. Man kann mit Bestimmtheit sagen, daß der Hitzdraht als solcher ohne weiteres alle Bedingungen erfüllt, die zur richtigen Wiedergabe der in Frage kommenden Strömungsänderungen zu stellen sind (Mittelwerte über einen Zeitabschnitt von 20 Sekunden).

Wenn man die Kurven der Abb. 7 untersucht, so zeigt, wie oben gesagt wurde, das Galvanometer eine Einstellzeit von 1,1—1,2 Sekunde. Wird der Ausschlag durch Strömungsänderungen bewirkt, wie im rechten Teil der Kurven, so ergeben sich Einstellzeiten von 1,2—1,8 Sekunde. Die verzögernde Wirkung kann nicht von den Hitzdrähten herrühren, da deren Einstellzeit mehrhundertfach größer ist. Sie ist vielmehr auf Rechnung des Druckausgleiches im Gasraum der Adsorptionskammer zu setzen, der natürlich Zeit braucht. Dieser Gasraum soll daher so klein wie möglich gehalten werden. Die Ausgleichzeit hängt verständlicherweise auch sehr stark von der Durchsaugegeschwindigkeit ab, die sich beliebig verändern läßt. Sie wurde in unserer Anordnung gewöhnlich auf etwa 50 ccm/Min. gehalten. Auf diese Weise gelingt es, die Einstellzeit der Gesamtapparatur auf 1—1,5 Sekunde einzuregulieren, eine Zeit, die voll den Forderungen für richtige Wiedergabe der fortlaufenden Analysenkurve entspricht.

Was soll und kann die Anordnung für die fortlaufende Atemgasanalyse leisten?

Ähnlich wie beim Blutkreislauf, stößt die Bestimmung der biologisch wichtigsten Größe, des mittleren Zeitvolumens, auf Schwierigkeit dadurch, daß der Antransport in rhythmischen Strom erfolgt, wobei die CO_2- und O_2-Spannung keineswegs konstant, sondern rhythmisch variabel ist. Der Gang der CO_2- und O_2-Spannung im Verlaufe des Einzelatemzuges ist für unsere Probleme belanglos. Die Luft des einzelnen Atemzuges wird daher in einem Mischgefäß über konzentrierter H_2SO_4 zur Wasserdampfadsorption gemischt und aus diesem homogenisierten Gemisch alsdann die Analysenprobe abgesaugt. Diese Luftprobe passiert ein kleines Gefäß mit H_2SO_4 und ein solches mit $CaCl_2$ zur restlosen Entwässerung. Diese Gefäße haben weiterhin den Zweck abermaliger Homogenisierung. Der Umstand, daß nicht immer sofort die exspirierte Luftprobe zur Analyse kommt, sondern ein fortlaufendes Gemisch über längere Zeitabschnitte sei näher untersucht.

Bis zur Vollendung des Übergangs von Frischluft auf Atemluft verstreichen nach der Eichkurve der Abb. 8 genau 18 Sekunden. Der Beginn des Anstieges setzt 6 Sekunden nach Darbietung des Gemisches ein. Die erste Zeit (a'' bis C) soll als Füll- oder Mischzeit bezeichnet werden, die zweite (A bis a'') als Latenzzeit. Die Latenzzeit gibt die Zeit an, welche benötigt wird, um das Gasgemisch durch alle Vorlagen und Zuleitungen bis an die eigentliche Analysenaparatur kommen zu lassen.

Die Latenzzeit ist stets konstant, ohne Rücksicht auf die Größe der CO_2-Konzentration, sofern der Sog durch die Apparatur konstant gehalten wird.

Alle Wendepunkte der Analysenkurve kommen also mit einer der Latenzzeit entsprechenden Verspätung zur Darstellung, haben aber untereinander stets eine absolut richtige zeitliche Lage. Die Latenzzeit zu bestimmen gelingt sehr leicht dadurch, daß im Augenblick der Zuleitung von Eichgemisch ein Lichtsignal gesetzt (s. Abb. 8) und die Zeit bis zum Fußpunkt des Kurvenanstieges ermittelt wird. Ihre Kenntnis ermöglicht dann die genaue zeitliche Zuordnung aller Kurvenpunkte zu irgendwelchen anderen Geschehnissen des Versuches.

Die Füllzeit ist ebenfalls konstant, ohne Rücksicht auf die Größe der CO_2-Konzentration und abhängig von der Durchsaugegeschwindigkeit. Sie wird bestimmt, indem Gemisch beliebiger CO_2-Konzentration eingesaugt wird, bis Konstanz der Galvanometerausschläge eingetreten ist.

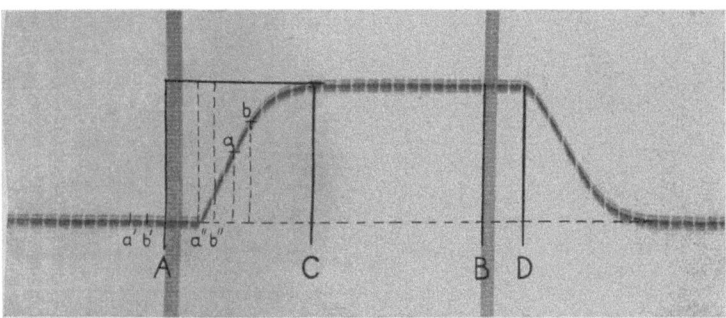

Abb. 8. Eichkurve mit Eichgemisch. Zeitmarken = 2 Sekunden. Bei A Einlaß des Gemisches, vorher floß Frischluft durch die Apparatur. Erklärung im Text.

Sie ist ein Ausdruck dafür, daß nach und nach das zunächst in den Zuleitungen und Vorlagen vorhandene Gas (in Abb. 8 Frischluft) durch das neue Gasgemisch verdrängt bzw. ersetzt wird. Die Absolutgröße der Füllzeit ist abhängig von der Abmessung der Apparatur und steht in einem festen Verhältnis zur Latenzzeit. Die in Abb. 8 gezeigten Kurven lassen erkennen, daß die Latenzzeit stets ein Drittel der Füllzeit beträgt. Der Kurvenanstieg nach Umstellung von Frischluft auf Eichgemisch gibt den unverzerrten Konzentrationsvorgang während der Verdrängung der Frischluft wieder. **Jeder Punkt der Kurve gibt einen Mittelwert der CO_2-Konzentration des durchgesaugten Gasgemisches über einen Zeitabschnitt an, welches der Dauer der doppelten Latenzzeit entspricht.** Dieser Zeitabschnitt ist dabei jeweils mit der konstanten Latenzzeit der Apparatur vom betrachteten Punkte aus rückwärts anzusetzen. Die Zugehörigkeit der einzelnen Kurvenpunkte zu den Ansaugeabschnitten ist gleichfalls aus der Abb. 8 zu ersehen. Der Kur-

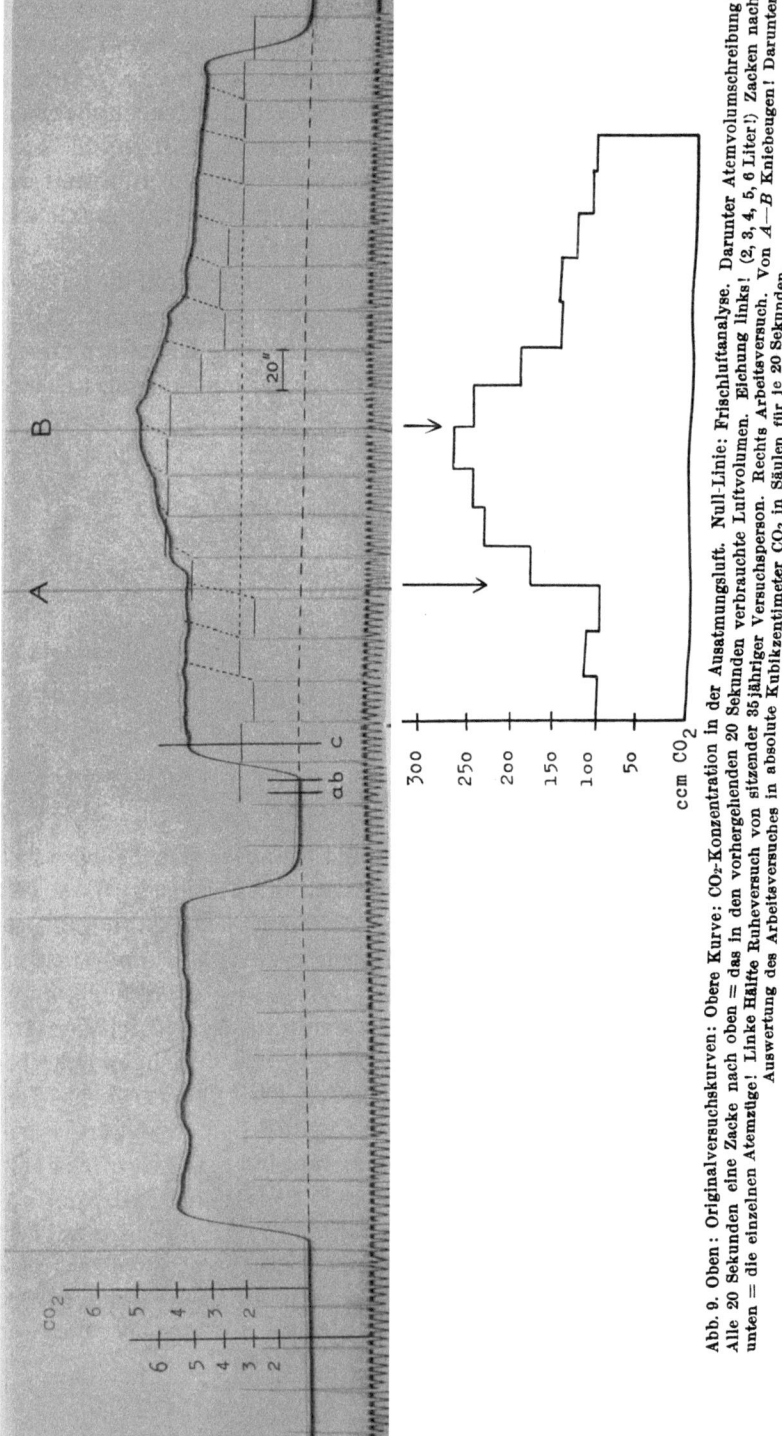

Abb. 9. Oben: Originalversuchskurven: Obere Kurve: CO_2-Konzentration in der Ausatmungsluft. Null-Linie: Frischluftanalyse. Darunter Atemvolumschreibung! Alle 20 Sekunden eine Zacke nach oben = das in den vorhergehenden 20 Sekunden verbrauchte Luftvolumen. Eichung links! (2, 3, 4, 5, 6 Liter!) Zacken nach unten = die einzelnen Atemzüge! Linke Hälfte Ruheversuch von sitzender 35jähriger Versuchsperson. Rechts Arbeitsversuch. Von $A-B$ Kniebeugen! Darunter Auswertung des Arbeitsversuches in absolute Kubikzentimeter CO_2 in Säulen für je 20 Sekunden.

venpunkt *a* repräsentiert beispielsweise den Mittelwert für alles zwischen den Zeitpunkten a' und a'' eingesaugte Gas, Kurvenpunkt *b* für alles zwischen b' und b'' eingesaugte usw.

Es wird also in der Tat erreicht, daß in einer zeitlich genauestens definierten Kurve Mittelwerte zum Ausdruck kommen, die in unserer Anordnung beliebig für Zeitabschnitte von 12—20 Sekunden variiert werden können, je nach der Absaugegeschwindigkeit. Dieser Zeitraum erscheint besonders günstig, weil er die Luft von 3—6 Atemzügen umfaßt. Wesentlich ist nur, daß die zeitliche Zuordnung der einzelnen Kurvenpunkte zum Atemgeschehen sorgfältig vorgenommen wird.

Besser als durch viele Worte wird dies aus einem praktischen Beispiel verständlich:

Die Abb. 9 zeigt die Durchführung eines Ruhe- und eines Arbeitsversuches an einer 35 jährigen männlichen Versuchsperson. Unter der CO_2-Kurve ist mit Hilfe des unten beschriebenen Atemvolumschreibers (s. u.) fortlaufend das Atemvolumen verzeichnet. Die alle 20 Sekunden erscheinenden Zacken geben das in den vorhergehenden 20 Sekunden verbrauchte Luftvolumen an. Die Latenzzeit ($a\,b$) beträgt 6 Sekunden, die Füllzeit 18 Sekunden ($b\,c$). Durch punktierte Linien ist die zeitliche Zusammengehörigkeit der CO_2-Konzentrationskurve und der Atemvolumkurve angedeutet. Der jeweils auf der ersteren bezeichnete Punkt gibt direkt die Mittelkonzentration für das durch die zugehörige Atemvolumzacke verzeichnete Atemvolumen. Unter der Originalkurve findet man die durch einfache Umrechnung erhaltene Darstellung der Absolutwerte für die CO_2-Ausscheidung. Durch Summierung läßt sich das CO_2-Gesamtvolumen für die ganze Versuchsdauer feststellen. Die Anordnung gibt also eine zeitlich wohl definierte Mittelwertkurve der CO_2-Spannung der Exspirationsluft, die bei jedem beliebigen Atemmodus richtig ist. Bei einer gleichzeitigen Atemvolumschreibung, welche unabhängig von Frequenz und Tiefe das in bestimmter Zeit verbrauchte Luftvolumen als Ordinate verzeichnet, erhält man die fortlaufende genaue Wiedergabe der absoluten CO_2-Ausscheidung in Kubikzentimetern.

So wird es möglich — was eingangs ja gefordert wurde —, den Gaswechsel in Absolutwerten im Verlaufe der verschiedensten Versuche, z. B. einer Muskelarbeit und dergleichen, fortlaufend zu registrieren.

3. Die fortlaufende O_2-Analyse.

Es liegt nahe, die Aufzeichnung der O_2-Spannung nach genau denselben Gesichtspunkten vorzunehmen wie die des CO_2. Als Adsorbens wäre dann nur Pyrogallol oder vielleicht Phosphor zu verwenden. In der

Tat bewegten sich unsere Versuche zunächst in dieser Richtung. Es stellten sich aber dadurch Schwierigkeiten ein, daß keines der üblichen Adsorbentien rasch und zuverlässig genug über längere Zeit arbeitet, selbst bei ständig erneuerter Oberfläche. Ferner würde bei diesem Verfahren schon die Null-Linie für O_2 eine ständige gleichmäßige Adsorption von 21% des durchgesaugten Gasvolumens voraussetzen. Die rasche Abnutzung der Adsorbentien würde für Dauerbetrieb zu einer beträchtlichen Dimensionierung der Gefäße zwingen, wodurch wiederum der „tote Raum" der Apparatur unerwünscht wachsen müßte. Aller dieser Schwierigkeiten wegen wurde ein Verfahren auf gänzlich anderer Grundlage geschaffen.

Im Gegensatz zur O_2-Adsorption macht die CO_2-Bindung keinerlei Schwierigkeiten. Luft, die völlig von CO_2 befreit wird, stellt im wesentlichen ein Gemisch von N_2 und O_2 dar, wobei für Frischluft das *Verhältnis* $N_2 : O_2 = 79{,}03 : 20{,}94$ ist. Für Exspirationsluft muß sich dieses Verhältnis zugunsten des Stickstoffes verschieben.

In einem Gemisch von N_2 und O_2 muß jede Verschiebung des Mischungsverhältnisses zu einer Veränderung wichtiger physikalischer Konstanten des Gemisches führen. So wird beispielsweise bei Verschiebung zugunsten von N_2 die Wärmeleitfähigkeit geringer, ebenso das spezifische Gewicht, während die spezifische Wärme ansteigt. Diese physikalischen Größen können leicht zu einer sehr genauen quantitativen Bestimmung jeder Veränderung des Mischungsverhältnisses herangezogen werden. Das Mischungsverhältnis $N_2 : O_2$ wird bei der Atmung ausschließlich durch die Entnahme von O_2 aus der Luft beeinflußt werden können, **so daß also damit eine direkt auf den O_2-Verbrauch eingestellte Methode entstände.**

Die schließlich zustande gebrachte Anordnung gibt schematisch die Abb. 10 wieder.

In die Kapillare A wird fortlaufend eine Probe von Exspirationsluft durch eine Säule 40%iger Lauge (KOH) gepreßt. Nach Durchgang durch einen Blasenfänger (Bl) gelangt sie in einen kleinen Zylinder, der mit Natronkalk[1] beschickt ist. Völlig von CO_2 und Wasser befreit erreicht sie schließlich die offene Röhre C und entweicht daraus ins Freie. Inmitten dieser Röhre C geht senkrecht nach unten eine 1 mm lichte Kapillare ab, deren Zugang durch den Hahn 1 mehr oder weniger gedrosselt werden kann. Diese Kapillare ist unten mit einer zweiten zu einem U-Rohr verbunden. Die letztere kann ebenfalls durch einen Hahn (2) beliebig ab-

---

[1] Präparat, das zur Füllung der Dräger-Patronen dient.

geschlossen werden und mündet in einen oben offenen Natronkalkzylinder (D). Die kapillare U-Röhre hat am tiefsten Punkt einen Absaugestutzen (E). Dort wird ein Aspirator angesetzt, der in gleichmäßigem Strome von 10—20 ccm pro Minute aus der Röhre C durch „1" die von CO_2 befreite Exspirationsluft einsaugt und gleichzeitig durch „2" Frischluft, welcher ebenfalls in D alles CO_2 entrissen worden ist. Die beiden senkrechten Kapillaren stehen in einem gemeinsamen Wassermantel und werden vor ihrer Vereinigung durch die Hitzdrähte H_1 und H_2 durchquert. Verwendet werden die oben beschriebenen Hitzdrahtdüsen, jedoch mit etwa doppelter Heizintensität (0,14 Watt). Die Hitzdrähte liegen wiederum in einfacher Brückenschaltung mit dem Rheostaten W und dem Galvanometer G.

Wird durch A Frischluft eingedrückt und mittels der Hähne „1" und „2" der Luftstrom in beiden Kapillaren bzw. Hitzdrahtdüsen gleich gemacht, so bleibt das Galvanometer in Ruhe. Sobald aber in C Exspirationsluft vorhanden ist, in welcher die Relation $N_2 : O_2$ zugunsten des N_2 verschoben ist, wird der Kühleffekt an H_1 geringer, und das Galvanometer ergibt Ausschläge, welche um so größer werden, je weiter die Verschiebung zugunsten des N_2 fortschreitet, oder aber: je

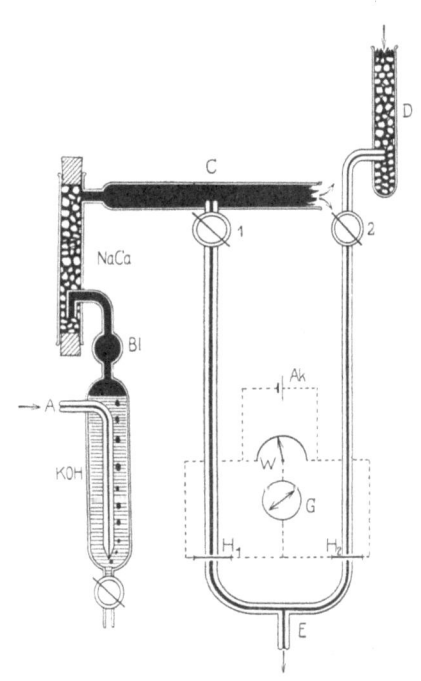

Abb. 10. Schematische Darstellung der Anordnung zur fortlaufenden Registrierung der prozentualen Verarmung der Atmungsluft an Sauerstoff. Bei A Eintritt der zu untersuchenden Luft (s. Text).

größer die Verarmung der Exspirationsluft an O_2 ist. Ursache dafür ist in erster Linie die Abnahme der Wärmeleitzahl des durchgesaugten Gemisches, andererseits die Auswirkung der geminderten Gasdichte desselben in den senkrecht stehenden, U-förmig angeordneten Röhren. Letztere muß in der Art wirken, daß bei gleichbleibendem Sog die Durchflußmenge auf derjenigen Seite, auf der die Exspirationsluft eingesaugt wird, mit abnehmendem spezifischem Gewicht kleiner wird. Die empirisch ermittelte Beziehung zwischen Galvanometerausschlag und prozentualer O_2-Verarmung der Exspirationsluft ist in der Kurve der Abb. 11 aufgezeigt.

Es handelt sich um eine leicht gekrümmte Kurve, die aber, ohne daß dabei erhebliche Fehler gemacht würden, in dem uns interessierenden Bereich von — 2% bis — 7% als gerade Linie behandelt werden kann. Die Form der Kurve hängt sehr erheblich von der Temperatur des Hitzdrahtes ab. Deshalb ist es dringend erforderlich, mit der für jeden Hitzdraht empirisch zu bestimmenden Optimalstromstärke zu arbeiten. Angaben hierüber finden sich bei A. Koepsel (5). Die Abb. 11 zeigt vergleichsweise die Beziehungen für zwei verschiedene Hitzdrahtdüsenpaare (am 18. I. 1933 und 13. II. 1933) und erweist die Möglichkeit, Düsen praktisch gleicher Wirksamkeit herzustellen.

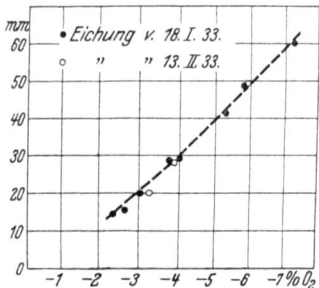

Abb. 11. Beziehung zwischen Galvanometerausschlag und prozentualer Verarmung der Luft an O_2, verglichen mit Frischluft. Eichungen mit zwei verschiedenen Hitzdrahtdüsenpaaren an verschiedenen Tagen!

Der Nachweis der O_2-Verarmung gegenüber Frischluft gelingt mit einer Fehlerbreite von 0,03—0,05%, die aber ihrerseits identisch ist mit jener des zur Definition des Eichgemisches verwendeten Haldaneschen Gasanalysenapparates. Im Gegensatz zur oben beschriebenen CO_2-Analyse gilt es für die O_2-Analysenapparatur, die Durchsaugegeschwindigkeit sehr konstant zu halten. Ferner ist unter allen Umständen eine restlose Entfernung allen CO_2 aus der Exspirationsluft nötig. Während die adsorbierende Kalilauge verhältnismäßig lange verwendbar ist, wird ein Wechsel des Natronkalkes jeweils nach 6—8 Betriebsstunden geraten sein.

Originaleichkurven gibt die Abb. 6 neben den CO_2-Kurven wieder. Da die gleichen Hitzdrähte und Galvanometer wie für die CO_2-Analyse in Anwendung kommen, gilt für die Einstellgeschwindigkeit das oben Gesagte. Die kleinen Oszillationen der Kurve sind durch das Durchpressen des Gases durch die Lauge bedingt.

Die Anordnung gibt zwangsläufig nur Auskunft über die prozentuale O_2-Verarmung der Luft bei der Atmung, zeigt sie doch, wie oben gesagt wurde, ausschließlich Veränderungen des Verhältnisses $N_2 : O_2$ gegenüber Frischluft an, und dieses wird durch nichts anderes beeinflußt, als durch Verschwinden von O_2, während das Hinzukommen oder Verschwinden eines dritten Gases dafür völlig belanglos ist. Zur Durchführung der Eichung der Anordnung ist erforderlich, mit der

Haldaneschen Analysenapparatur nicht den absoluten O_2-Gehalt des durchgesaugten Eichgemisches zu ermitteln, sondern prozentuale O_2-Verarmung gegenüber der Frischluft. Dazu gelangt man durch eine einfache Überlegung. Es ist nämlich:

$$-\%O_2 = O_{Fr} - \left(O_\varepsilon \cdot \frac{N_{Fr}}{N_\varepsilon}\right),$$

wobei $O_{Fr} = \%\ O_2$ in der Frischluft, $N_{Fr} = \%\ N_2$ in der Frischluft und $O_\varepsilon = \%\ O_2$ im Eichgemisch, $N_\varepsilon = \%\ N_2$ in demselben. Die fehlerhafterweise manchmal durchgeführte angenäherte Berechnungsweise der O_2-Verarmung durch einfachen Abzug des bei der Analyse gefundenen O_2-Wertes (O_ε) vom O_2-Gehalt der Frischluft (O_{Fr}) ist unter allen Umständen zu vermeiden! Die Aufstellung einer Eichkurve unserer Anordnung unter Zugrundelegung so gewonnener Analysenwerte würde fälschlicherweise zur Annahme einer Abhängigkeit von der Größe des respiratorischen Quotienten führen müssen, die aber schlechterdings unmöglich ist.

Die Abb. 12 zeigt endlich eine Ruhekurve von einer männlichen Versuchsperson im Sitzen und daneben einen Arbeitsversuch.

Links findet sich die Eichung in $-O_2\%$, unten die Atemvolumschreibung, welche nach dem später zu besprechenden Verfahren das in je 20 Sekunden verbrauchte Luftvolumen als Zacken aufzeichnet. Unter der Originalkurve ist wieder der Absolutverbrauch an Sauerstoff während des Versuches dargestellt. Das Prinzip der Kurvenanalyse ist das gleiche wie für das CO_2 in Abb. 9.

Der Ruheumsatzversuch auf der linken Hälfte der Originalkurve zeigt zunächst eine Verarmung der Exspirationsluft gegenüber Frischluft an Sauerstoff um durchschnittlich 3,6%. Das Atemvolumen, dargestellt für je 20 Sekunden durch die alle 20 Sekunden nach oben ausschlagenden Zacken, beträgt im Mittel 2,8 Liter in 20 Sekunden oder 8,4 Liter in der Minute. Daraus ergibt sich ein Sauerstoffverbrauch von 300 ccm pro Minute. Man sieht, daß eine solche Bestimmung in der kurzen Zeit von 2 Minuten durchgeführt werden kann. Den gleichen Ruhewert ergibt die Kurve unmittelbar vor Beginn der Muskelarbeit. Von $A-B$ werden Kniebeugen — 25 pro Minute — ausgeführt. Mit einer Latenzzeit von etwa 6 Sekunden beginnt ein Anstieg der Sauerstoffausnützung und zugleich auch des Atemvolumens. Erst 20 Sekunden nach Beendigung der Muskelarbeit erreicht die Sauerstoffverarmung der Ausatmungsluft ihr Maximum mit $-6,1\%$ um anschließend sogar etwas unter dem Ruhewert zu liegen. Die Auswertung der Kurve ergibt (schraffierte Fläche) für die Muskelarbeit allein einen Verbrauch von

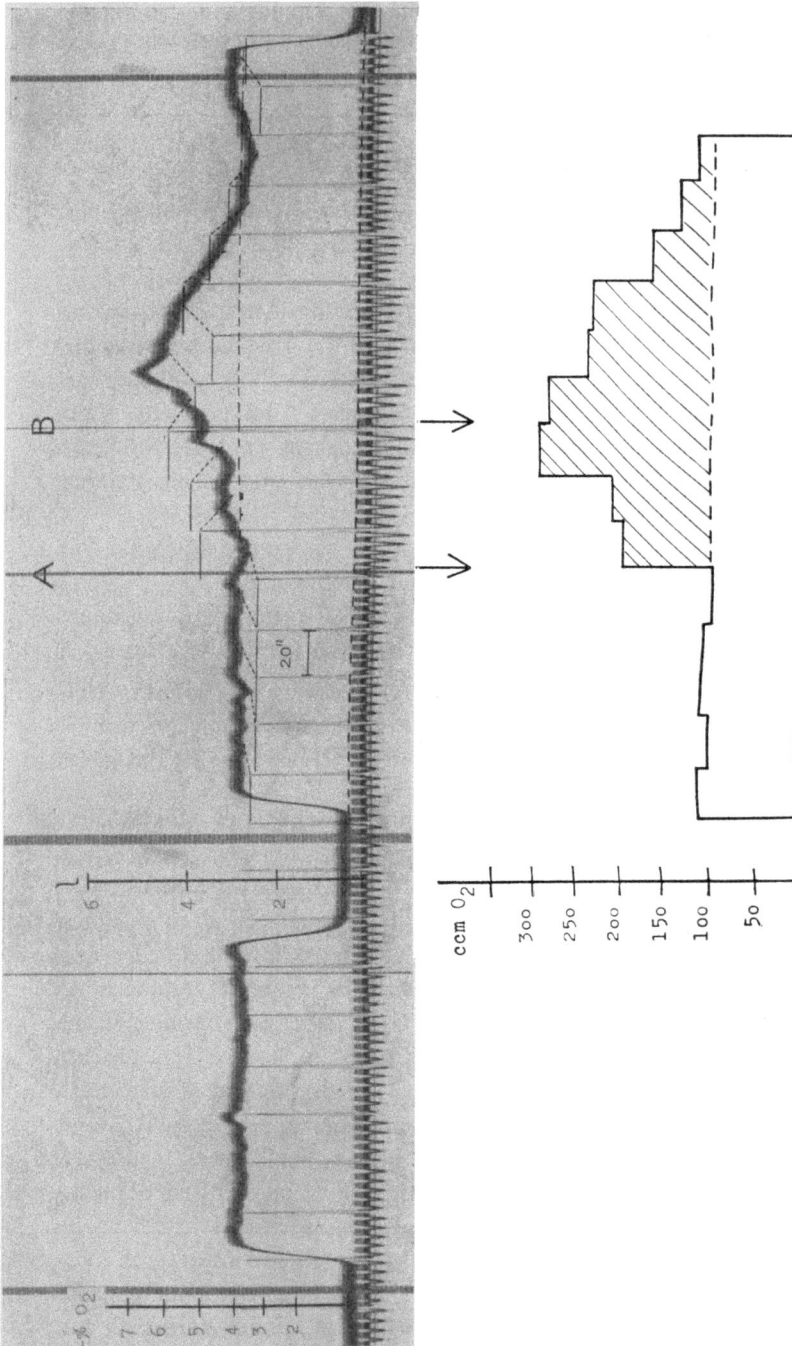

Abb. 12. Originalkurven von einem Ruhe- und einem Arbeitsversuch von 35jähriger männlicher Versuchsperson. Linke Hälfte: Ruheversuch, Versuchsperson sitzend. Rechte Hälfte: Arbeitsversuch, von $A-B$ Kniebeugen! Obere Kurve: prozentuale Verarmung an Sauerstoff verglichen mit Frischluft. Untere Kurve: Atemvolumschreibung. Alle 20 Sekunden. Zacke nach oben bedeutet verbrauchtes Luftvolumen in den vorhergehenden 20 Sekunden. Eichung in Litern, kleine Zacken, nach unten die einzelnen Atemzüge. Darunter: Auswertung des Arbeitsversuches in absolute Kubikzentimeter Sauerstoffverbrauch in Säulen für je 20 Sekunden. Schraffiert: Gesamtsauerstoffverbrauch ausschließlich für die Muskelarbeit.

945 ccm Sauerstoff. Dieser Verbrauch, der über den Ruheumsatz hinaus notwendig wird, verteilt sich über eine Zeit von etwa 3 Minuten.

Das beschriebene Verfahren ermöglicht also in der Tat den zeitlichen Verlauf der Luft-Sauerstoff-Ausnutzung bei der Atmung fortlaufend zu registrieren und bei gleichzeitiger Registrierung des Atemvolumens den absoluten Sauerstoffverbrauch über beliebige Zeitabschnitte zu bestimmen mit einer Genauigkeit, die bisher von keiner anderen Methode auch nur angenähert erreicht werden dürfte.

4. Die Anordnung zur gleichzeitigen Registrierung der CO_2-Konzentration und der Sauerstoffverarmung in der Ausatmungsluft und die Eichung auf Absolutwerte.

Nachdem das Problem der Aufzeichnung der jeweiligen Kohlensäurespannung in Luftproben sowie das der quantitativen Wiedergabe der Sauerstoffverarmung gegenüber Frischluft gelöst war, kam es darauf

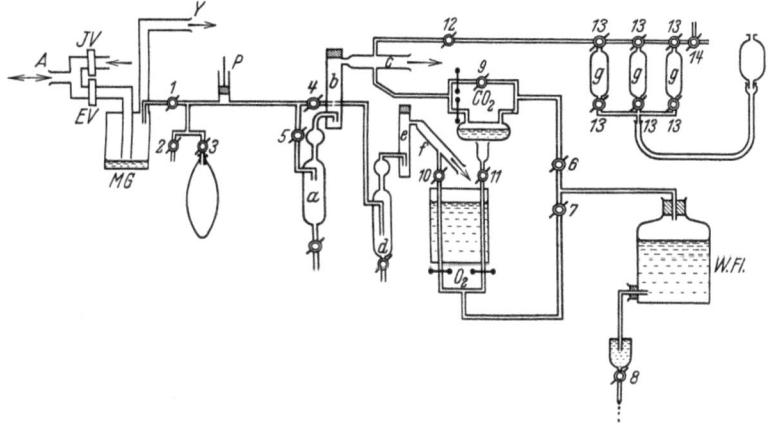

Abb. 13. Schematische Übersicht über die Gesamtordnung zur gleichzeitigen Bestimmung von CO_2 und O_2 (s. Text).

an, beide Anordnungen so zu vereinigen, daß eine mühelose und physiologisch einwandfreie Untersuchung an Mensch und Tier möglich wurde. In schematischer Übersicht gibt die Abb. 13 die schließlich brauchbar befundene Zusammenstellung wieder. Die Versuchsperson atmet durch das Mundstück A, das natürlich auch durch Nasenoliven oder durch eine Trachealkanüle ersetzt werden kann. Durch ein Inspirations- (JV) und ein Exspirationsventil (EV) wird der Luftstrom gerichtet. Die eingeatmete Luft wird aus dem unten beschriebenen Atemvolumschreiber bezogen, der hier weggelassen ist. Die ausgeatmete Luft tritt in das Mischgefäß (MG) ein, wo Durchmischung des einzelnen Atemzuges und durch konzentrierte Schwefelsäure oder ein anderes Bindungsmittel Wasseradsorption erfolgt. Durch eine hohe Standröhre entweicht die Luft dann widerstandslos bei Y ins Freie. Die Atmung erfolgt also im Gegensatz zu anderen Anordnungen völlig frei im „offenen System", ohne daß Überwindung irgendwelcher Gegendrucke nötig wird, außerdem ist stets der allein physiologische Atemstoff, nämlich Frischluft, in Verwendung. Durch eine sehr gleichmäßig arbeitende, elektrisch betriebene Pumpe P wird aus dem Mischgefäß ständig eine kleine Luftprobe (100—200 ccm/Min.) in konstantem Strome entnommen und durch den Hahn 4 der oben beschriebenen Sauerstoff-Analysenapparatur oder durch den Hahn 5 der Kohlensäureapparatur zugeleitet.

Durch den Hahn 1 kann die Verbindung nach dem Mischgefäß unterbrochen werden. Nach Öffnung des Hahnes 2 kann dann Frischluft durch die Gesamtapparatur getrieben werden. Das Ergebnis ist Aufzeichnung einer Nullinie, die ja, da der Ausgangsstoff für die Normalatmung stets Frischluft ist, der Analyse von Frischluft entsprechen muß. Es ist also jederzeit möglich, durch Umstellung zweier Hähne mitten im Versuche die Lage der Nullinien zu kontrollieren. Durch einen weiteren Hahn 3 ist die Möglichkeit gegeben, statt der Frischluft ein beliebiges Eichgemisch aus einem gasdichten Beutel einzulassen. Auf diese Weise wurden beispielsweise die Eichkurven der Abb. 6 gewonnen. Man ist also in der Lage, jederzeit ohne den Versuch zu unterbrechen, eine Eichkurve zu schreiben. Der Einbau einer Pumpe erwies sich als nötig, weil ein Antransport der Luftprobe durch den Atemimpuls selbst zu den Analysenapparaten bei verschieden tiefer Atmung stets verschieden rasch vor sich gehen müßte, wodurch die Ermittelung genauer zeitlicher Verhältnisse in den Kurven von vornherein unmöglich geworden wäre. Von Wichtigkeit war ferner die Möglichkeit einer Synchronisierung der Sauerstoff- und Kohlensäureanalyse. Diesem Zwecke dienen die Hähne 4 und 5. Sie werden so lange verstellt, bis der Anstiegmoment für die Sauerstoff-, wie die Kohlensäurekurve nach Einlaß eines Eichgemisches genau zeitlich zusammenfällt. Durch den Hahn 5 gelangt die Luft in ein Gefäß a, welches mit konzentrierter Schwefelsäure beschickt wird und von dort durch einen Ca-Chloridzylinder b um schließlich durch die Röhre c ins Freie zu entweichen. Aus der Röhre c wird in oben geschilderter Weise ein Teil der völlig trockenen Luft in die Kohlensäure-Analysenapparatur CO_2 gesaugt. Letzteres geschieht durch Leerlaufen der Flasche WFl, die etwa 20 Liter Wasser enthält und durch einen Wärmeschutzmantel umhüllt ist. Der Auslauf des Wassers erfolgt durch eine Düse 8, die so auszuziehen ist, daß der Auslauf etwa 50—80 ccm pro Minute beträgt. An die gleiche Flasche ist auch die Saugleitung für die Sauerstoffanalyse angeschlossen. Die richtige Verteilung des Soges auf beide Analysenapparate ist durch die Hähne 6 und 7 möglich. Man stellt sie so ein, daß durch die Kohlensäureapparatur etwa 50 ccm pro Minute, durch die Sauerstoffapparatur aber nur 10—20 ccm pro Minute abgesaugt werden. An den Hahn 4 ist die oben beschriebene Sauerstoff-Analysenapparatur angeschlossen. Die Luft passiert zunächst das Gefäß d (KOH 40%) und anschließend den Natron-Kalkzylinder e, um durch die offene Röhre f ins Freie zu entweichen. Aus dieser wird die Luft in die O_2-Apparatur abgesaugt. Den Sog leistet, wie bereits beschrieben, die Flasche WFl durch den entsprechend eingestellten Hahn 7.

Durch einen Hahn 12 kann aus der Röhre c außerdem eine Verbindung nach den Eichgefäßen g über die Hähne 13 hergestellt werden. Während die Gesamtanordnung arbeitet, kann man jederzeit durch Herstellung dieser Verbindung und Leerlaufenlassen der Gefäße g (diese sind vorher ganz mit Hg gefüllt) eine Luftprobe in diese Gefäße einsaugen. Die dort eingeschlossene Luftprobe wird nachträglich über den Hahn 1 nach einem Haldaneschen Analysenapparat gedrückt zur Ermittelung der Sauerstoff- und Kohlensäurespannung. Es ist also möglich, jederzeit im Versuche, also während der Registrierung, Gasproben zu entnehmen und durch Haldane-Analysen die Angaben der Apparatur hinsichtlich ihrer Absolutwerte zu kontrollieren.

Die zuletzt beschriebene Einrichtung ist aus der Abb. 14 genauer ersichtlich. Aus der oben erwähnten Röhre c wird im Punkte 7 dieser Abbildung die Gasprobe abgesaugt und gelangt durch die Hitzdrahtdüsen 8 in die Kohlensäure-Analyseneinrichtung. Vom selben Punkte 7 aus kann nun jederzeit durch den Hahn 6 Luft nach den Probegefäßen 1, 2 und 3 gesogen werden, indem das Niveaugefäß 4 gesenkt wird, so daß die Quecksilberfüllung der Probegefäße unten ausläuft. Man kann so nacheinander drei Luftproben entnehmen und nachträglich zur Analyse bringen, indem man sie durch den Hahn 5 zu einer Gasanalysenapparatur (Haldane) drückt. Es ist selbstverständlich, daß die Füllung der Probegefäße durch den Hahn 6 äußerst vorsichtig und langsam zu erfolgen hat, damit die CO_2-Registrierung nicht Schaden leidet.

Die Absoluteichung der Anordnung wird am besten so vorgenommen, daß man die Eichgasblase, die unter dem Hahn 3 der Abb. 13 sitzt, abnimmt und mit gewöhnlicher Atemluft aufbläst. Man steckt sie dann wieder auf den Hahn 3 (Abb. 13) und läßt nun die Luft aus der Blase in die Anordnung einströmen. Sobald die Galvanometer konstante Einstellung zeigen, nimmt man ganz vorsichtig in der oben beschriebenen Weise eine Luftprobe in eines der Probegefäße ab. Wenn dies geschehen ist, kann man außer dem Hahn 3 auch noch den Frischlufthahn 2 öffnen. Dadurch wird die aus der Eichblase eingesaugte Luft mit Frischluft vermengt und die Galvanometer ändern ihren Stand im Sinne einer Abnahme der CO_2-Spannung und Zunahme der O_2-Spannung. Sobald Konstanz der Galvanometerausschläge eingetreten ist, wird ein zweites Probegefäß gefüllt und verschlossen. Schließlich kann man die Eichblase abnehmen und durch wiederholtes Ein- und Ausatmen der darin befindlichen Luft deren Kohlensäuregehalt beträchtlich steigern, zugleich aber

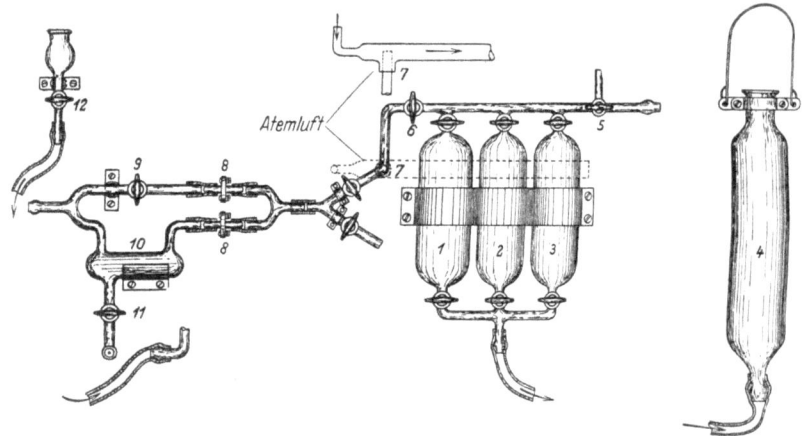

Abb. 14. Vorrichtung zur Entnahme von Gasproben während der Registrierung zum Zwecke der Eichungsanalysen (s. Text).

die Sauerstoffspannung darin weiter senken. Nach Wiederanschluß an die Apparatur gewinnt man mit dieser neuen Luftprobe eine dritte Eichkurve und die dazugehörige Luftprobe im Probegefäß. Es ist also gänzlich überflüssig zur Eichung der Anordnung etwa Kohlensäure oder Sauerstoff in Flaschen zur Verfügung haben zu müssen. Die Exspirationsluft des Experimentators kann durch die getroffene Anordnung jederzeit zur Eichung verwendet werden.

Im übrigen wird man bei Inbetriebnahme der Anordnung so vorzugehen haben, daß man zunächst die Akkumulatoren der Brückenschaltungen für Sauerstoff- und Kohlensäureanalyse einschaltet (s. Abb. 1 und Abb. 10) und während der nächsten 5 Minuten mittels der Kurbelwiderstände die Brücken so abgleicht, daß ohne jede Luftströmung in den Hitzdrahtdüsen die Galvanometer völlig auf Null stehen. Alsdann beginnt man mit dem Durchsaugen von Frischluft, indem man den Auslaufhahn der Wasserflasche (*WFl* in Abb. 13) öffnet und die Pumpe in Betrieb setzt und zwar nach Eröffnung des Frischlufthahnes 2 (Abb. 13). Wenn dabei eine Änderung des Galvanometerstandes eintritt, so muß die Luftströmung in den entsprechenden Düsen abgeglichen werden, bis Nullstellung der Galvanometer erreicht ist, was durch die Hähne 10 und 11 (Abb. 13) für den Sauerstoffapparat, durch den Hahn 9 für die Kohlensäureanalyse zu geschehen hat. Wenn dies erreicht ist, kann mit der Eichung und dann mit dem eigentlichen Versuch begonnen werden. Wie bei allen Hitzdrahtanordnungen zeigt in den ersten Minuten die Nullinie einen kleinen „Gang". Die oben beschriebene einfache Möglichkeit jederzeit die Nullinie zu kontrollieren gestattet aber bereits vor völliger Konstanz der Nullinien in dringenden Fällen mit der Registrierung eines Versuches zu beginnen. Bleibt zur Eichung, die in 3 Minuten geschehen ist, keine Zeit, so kann auch während eines Versuches bei einigermaßen konstanten Werten für Sauerstoff und Kohlensäurespannung eine Luftprobe direkt aus der Atemluft der Versuchsperson entnommen und analysiert werden.

5. Die Atemvolumschreibung.

Um aus den Werten für die prozentuale CO_2-Spannung und die Sauerstoffverarmung in der Exspirationsluft auf die absoluten verbrauchten Sauerstoffmengen bzw. ausgeschiedenen Kohlensäuremengen zu kommen, ist es nötig das pro Zeiteinheit verbrauchte Luftvolumen zu kennen. Aber auch ganz allgemein ist es zur Beurteilung jeder Schwankung der Gasspannungen in der Ausatmungsluft unerläßlich, jede Änderung des Atemvolumens richtig zu erkennen und zeitlich den Schwankungen der Gaszusammensetzung zuordnen zu können. Gasuhren und Pneumotachographen sind für diesen Zweck ebenso ungeeignet wie etwa Spirometer, welche die Größe der einzelnen Atemzüge verzeichnen. Es war eine Forderung einen Atemvolumschreiber zu konstruieren, welcher **ohne jede Behinderung der Atmung, unabhängig vom jeweiligen Atemtypus (Tiefe, Frequenz) den absoluten Luftverbrauch pro Zeiteinheit wiedergibt, wobei das verbrauchte Volumen als Ordinate, die Zeit als Abszisse in die Kurve eingeht.** Ein derartiger Apparat, vor allem in solcher Anordnung, daß er gleichzeitig mit der oben beschriebenen Analysenanordnung auf ein und denselben Film schreiben könnte, ist meines Wissens bisher nicht bekannt.

Es wurde versucht, die gestellte Forderung auf nachfolgende Weise zu erfüllen. Die gesamte eingeatmete Luft wird aus einem Spirometer der aus Abb. 15 ersichtlichen Art über das Inspirationsventil herausgeatmet. Das Spirometer muß etwa 20 Liter Luft bei maximaler Füllung abzugeben gestatten. Die Spirometerhaube (*Sp.H.*) ist in bekannter Weise auf Spitzen gelagert (*Sp.L.*) und kann sich in der Wasserfüllung zwischen dem großen Außenkasten (*Ka*) und Innenkasten (*Ki*) frei bewegen. Die Spirometerhaube ist ebenso wie die versteifenden Leisten (*r.Al.*) aus Leichtmetall gefertigt und wird durch ein Gegengewicht ständig nach oben gehalten, so daß sie an den Anschlägen (*Anschl.*) anliegt. Um sie nach unten zu bewegen, soll ein Unterdruck von nicht mehr wie 2 mm Wassersäule im Inneren der Haube nötig sein. Durch entsprechende

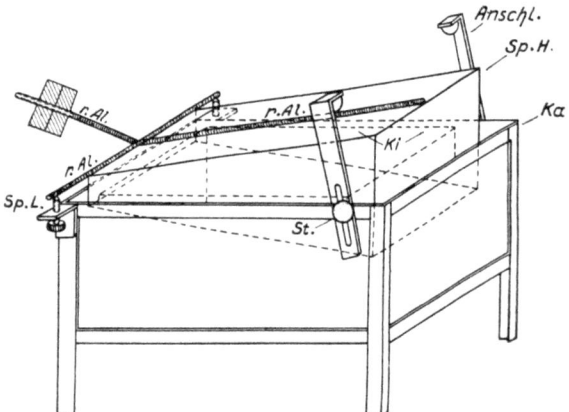

Abb. 15. Atemvolumschreiber (s. Text).

Einstellung des Gewichtes ist diese Forderung leicht zu erfüllen. Die Abb. 16 zeigt das Spirometer im Querschnitt. Wird durch das Rohr A der Luftinhalt des Spirometers herausgeatmet, so sinkt die Haube tiefer und tiefer ein. Wird nun aller bestimmten Zeitabschnitte — gewählt wurden 20 Sekunden — ein Ventil im Boden des Spirometerkastens geöffnet, so wird durch den Zug des Gegengewichtes die Spirometerhaube wieder in die Ausgangslage bis zu den Anschlägen zurückkehren, wobei das Spirometer sich neu mit Luft durch das geöffnete Ventil füllt. Die Tiefe des Einsinkens der Spirometerhaube wird dann ein Maß für die in 20 Sekunden verbrauchte Luftmenge darstellen. Sie kann alle 20 Sekunden abgelesen bzw. registriert werden. Die Einrichtung des Ventiles ist aus Abb. 16 ersichtlich. Der Ventilteller (*VT*) ist an einem Kugelgelenk (*K*) aufgehängt um stets guten Sitz zu finden und mit einer Gummidichtung (*G*) belegt. Die Ventilspindel ist durch eine Buchse (*B*) geführt und wird gewöhnlich durch eine kräftige Spiralfeder (*F*) nach oben gehalten, so daß das Ventil geschlossen bleibt. Alle 20 Sekunden wird durch eine Kontaktuhr (*Ko*) über ein Relais (*Rl*) der Elektromagnet (*M*) erregt und durch ihn über den Hebel *H* die Öffnung des Ventiles besorgt. Je nach der verbrauchten Luftmenge wird — unabhängig von Atemtiefe und Geschwindigkeit — die Spirometerhaube alle 20 Sekunden eine größere oder kleinere Exkursion bis zur Ausgangslage zu machen haben. Gelänge es diese Exkursion aufzuschreiben, so würde alle 20 Sekunden eine Zacke verzeichnet, deren Höhe jeweils ein Maß für den Luftverbrauch in den vorhergehenden 20 Sekunden darstellt. Wie

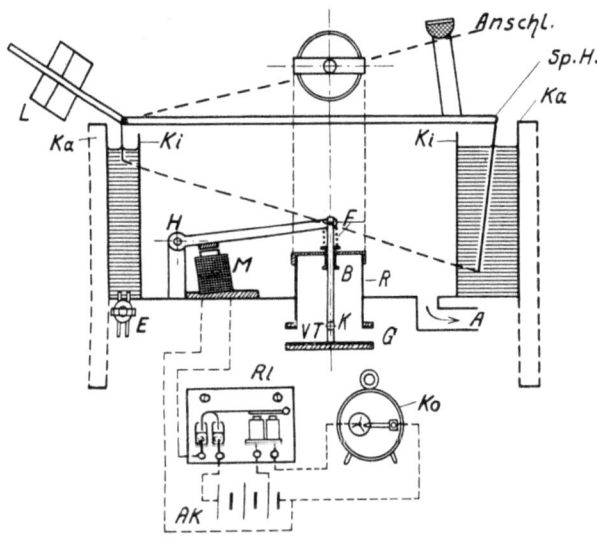

Abb. 16. Atemvolumschreiber, Querschnitt mit Darstellung des elektromagnetischen Füllventiles und seiner Schaltung (s. Text).

die Registrierung dieser Exkursion möglich gemacht wurde, zeigt die Abb. 17.

An der Spirometerhaube ist ein Spulenträger (*Sp.Tr.*) angebracht, welcher eine Induktionsspule (*J.Sp.*) von etwa 50 Windungen und rechteckiger Form trägt. Diese nähert sich beim Abwärtsgang der Spirometerhaube (*Sp.H.*) den Polen eines Permanentmagneten (*Mg*), der in seiner Höhe sehr genau verstellbar angeordnet sein muß. Die Spulenenden sind mit einem unempfindlichen Spiegelgalvanometer entsprechender Einstellfrequenz verbunden (*G*). Dieses Galvanometer steht in Ruhe, wenn die Spirometerhaube ruht. Auf jede der kleinen Abwärtsbewegungen bei den einzelnen Atemzügen, wird es mit einer kleinen Zacke, die durch die jeweiligen Induktionsstöße bedingt sind, reagieren. Das Galvanometer ist so zu polen, daß diese kleinen Stöße Ausschläge nach abwärts auf dem Film ergeben. Wird nun alle 20 Sekunden bei Öffnung des Ventiles die Haube nach oben in Ausgangsstellung gerissen, so verzeichnet das Galvanometer einen kräftigen Insuktionsstoß nach oben — also in entgegengesetzter Richtung, wie bei den einzelnen Atemstößen — der um so größer wird, je tiefer die Haube abgesunken war. Es ist nicht schwer die Höhe des Magneten so einzuregulieren, daß die Galvanometerausschläge beim Aufwärtsgang linear mit den jeweils aus dem Spirometer herausgeatmeten Luftmengen gehen. Die Eichung der Anordnung geschieht einfach in der Weise, daß eine Gasuhr zwischen das Inspirationsventil und das Spirometer geschaltet wird. Dann werden nacheinander

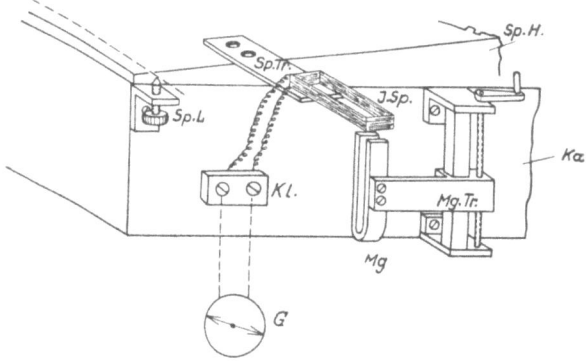

Abb. 17. Atemvolumschreiber. Darstellung der elektromagnetischen Registriervorrichtung (s. Text).

jeweils 2, 4, 6 usw. Liter aus dem Spirometer herausgeatmet und die Öffnung des elektrischen Ventiles vorgenommen. Die nacheinander aufgezeichneten Zacken entsprechen dann den entnommenen Luftvoluminis. Den Gang einer solchen Eichung zeigt die Abb. 18. Ersichtlich ist neben der Konstanz der Werte vor allem, daß es in der Tat möglich ist, die Galvanometerausschläge durch entsprechende Einstellung des Magneten so einzurichten, daß Ausschläge und verbrauchte Luftmengen in einfacher linearer Beziehung zueinander stehen.

Weiterhin zeigt die Abbildung, daß die zur Leeratmung des Spirometers aufgewendeten Atemzüge als Ausschläge nach unten verzeichnet werden. Man kann also neben dem Luftverbrauch für einen bestimmten Zeitabschnitt (Zacken nach oben) auch noch die Zahl der in diesem Zeitabschnitt erfolgenden Atemzüge feststellen und dadurch einen Einblick in die mittlere Atemtiefe gewinnen. Die Atemtiefe des Einzelatemzuges ist aber aus den Zacken nach unten keinesfalls direkt zu ermessen.

Gegen die Anordnung könnte man zwei Einwände erheben: Erstens, daß man ja gegen einen Unterdruck einatmen müsse, der durch das Gegengewicht bedingt sei. Wie oben gesagt wurde, ist dessen absolute Größe auf etwa 2 mm Wasser eingestellt, eine Größe, die in keiner Weise auch bei größter Sensibilität der Versuchsperson störend bemerkt wird. Der zweite Einwand würde sich gegen die Möglichkeit richten, daß während der Öffnungszeit des elektrischen Ventiles gerade ein Inspiration stattfinden könne, wobei natürlich eine gewisse Luftmenge eingeatmet würde, die mit der nachfolgenden Zacke dann nicht verzeichnet wird.

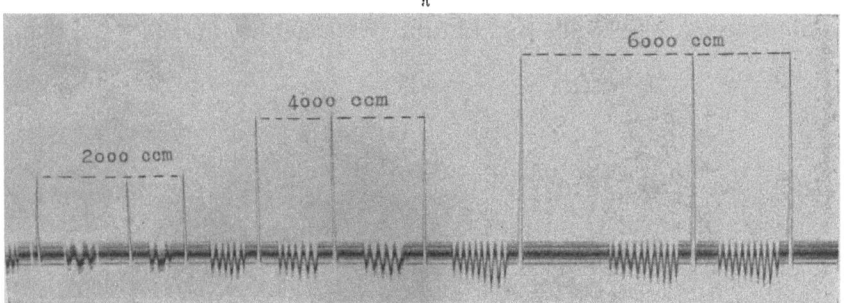

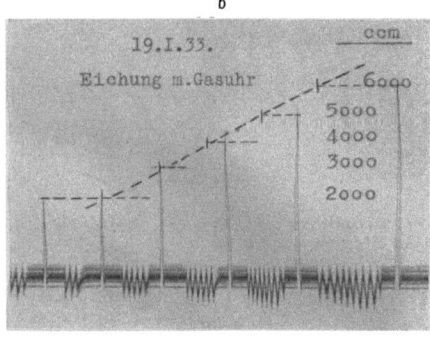

Abb. 18. a) Eichkurven des Atemvolumschreibers. Die kleinen Zacken nach unten sind verursacht durch die einzelnen Atemzüge, die zum Leeratmen des Spirometers nötig waren. b) läßt die lineare Beziehung zwischen Atemvolumen und Galvanometerausschlag erkennen.

Dieser Einwand ist sehr berechtigt. Es kam deshalb darauf an, die Öffnungszeit stets so kurz als angängig zu halten um einen solchen Verlust so klein als möglich zu gestalten. Das stieß aber auf Schwierigkeiten insofern, als je nach der Tiefe des Einsinkens der Haube recht verschiedene Zeiten zur Wiederfüllung bei offenem Ventil nötig sind. Darum wurde eine Vorrichtung ersonnen, welche das Ventil bei Ankunft in der Ausgangsstellung automatisch schließt. Durch einfache Unterbrechung des Magnetstromes kann dies aber keineswegs geschehen, weil ja sonst durch den sofort sich anschließenden neuerlichen Abwärtsgang der Spirometerhaube das Ventil wieder geöffnet würde, sofern der Uhrkontakt noch geschlossen ist. Diese Schwierigkeit wurde behoben durch eine sinnreiche von meinem

Mechaniker, Herrn Hampel erdachte und ausgeführte Schaltvorrichtung, welche in Abb. 19 wiedergegeben ist.

Die Abbildung zeigt als wichtigsten Bestandteil der Anordnung einen in Spitzen gelagerten Tasthebel (*TH*), welcher durch das Anschlagen der aufwärtsgehenden Spirometerhaube (*Sp.H.*) an der Unterbrechungsstelle *U* von der Kontaktschraube *KS* abgehoben wird. Der Tasthebel selbst steht in leitender Verbindung mit der Klemmschraube *Kl* die auf einem (schraffiert gezeichneten) Hartgummibrettchen montiert ist. Die Kontaktschraube *KS* hat ihrerseits leitende Verbindung mit einer zweiten Klemme *Kl*. Durch die Unterbrechung bei „*U*" wird der Stromkreis, welcher die Kontaktuhr (*KU*) und das Relais (*Rel*), über

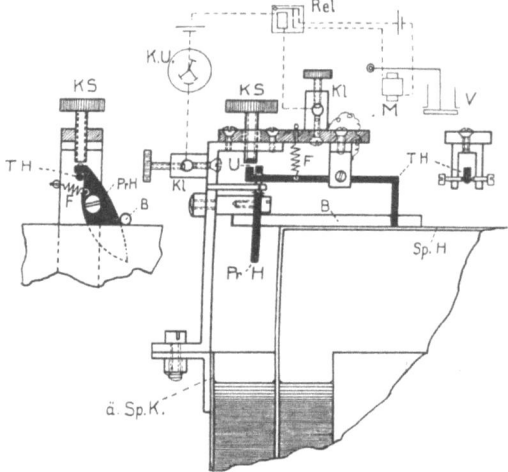

Abb. 19. Automatische Schaltvorrichtung für das Füllventil des Volumschreibers, welche die Ventilöffnungszeit stets auf ein Minimum beschränkt.

welches das Magnet-Ventil (*M* und *V*) bestätigt wird, in sich begreift, unterbrochen. Das Ventil wird also geschlossen werden, sobald die Spirometerhaube ihre obere Ruhelage erreicht haben wird. Wird nun unmittelbar anschließend durch den nächsten Atemzug die Spirometerhaube wieder abwärts bewegt, so würde bei *U* der Kontakt wieder geschlossen und damit das Ventil nochmals geöffnet werden, sofern die Kontaktuhr noch Kontaktschluß hat. Dies zu verhüten ist die Aufgabe des Profilhebels *PrH*. In oberster Ruhelage der Spirometerhaube wird dieser Profilhebel *PrH* durch die Feder *F* mit seinem oberen Ende, das als Haken ausgebildet ist, so festgehalten, daß der Haken jeden Aufwärtsgang des Tasthebels und einen vorzeitigen Kontaktschluß verhütet. Auf der Spirometerhaube festsitzend ist ein Bolzen *B* angeordnet, welcher bei jeder Bewegung der Haube auf der Kante des Profilhebels gleitend diesen dreht. Bei Abwärtsgang der Haube erfolgt eine Drehung des Profilhebels in die Senkrechte, wobei schließlich, wenn der Abwärtsgang der Spirometerhaube weit genug fortgeschritten ist, der Tasthebel vom Haken des Profilhebels freigegeben und nunmehr der Kontakt bei U wieder geschlossen wird. Das Profil des Profilhebels ist so gestaltet, daß dieser Kontaktschluß zu einer Zeit erfolgt, zu der ein Kontaktschluß an der Kontaktuhr mit Sicherheit nicht mehr besteht. Alsdann kann beim nächstfolgenden Kontaktschluß der Kontaktuhr das Ventil wieder geöffnet werden, die Spirometerhaube bewegt sich nach oben und das Spiel beginnt von neuem.

Die eben beschriebene Anordnung reduziert die Öffnungszeit des Ventiles auf ein Minimum, so daß der Fehler in der Volumregistrierung in der Anordnung des Verfassers ein Maximum von 5% nie überschreitet. Die Fehlerbreite zu ermitteln gelingt sehr einfach dadurch, daß man zwischen Inspirationsventil und Atemvolumregistrierer eine Gasuhr einschaltet und nun über längere Zeit atmet. Durch Summation der registrierten Atemzacken muß man den gleichen Wert erhalten, den die Gasuhr für die betreffende Versuchszeit anzeigt. Falls das im Spirometer für die Dauer von 20 Sekunden vorhandene Luftvolumen nicht ausreichen sollte — z. B. bei schwerer Muskelarbeit — kann man sich so helfen, daß man durch die Kontaktuhr die Ventil-Öffnung alle 10 Sekunden vornehmen läßt. Damit kommt man auf die Möglichkeit in einer Minute bis zu 80 Liter Luft frei atmen und registrieren zu können, eine Größe, die unter allen Umständen ausreichend sein wird. Die kürzere Kontaktzeit wird in der Anordnung des Verfassers erreicht durch Auswechselung des Kontaktrades der Kontaktuhr.

Der beschriebene Atemvolumschreiber ermöglicht also in der Tat das mittlere verbrauchte Luftvolumen pro Zeiteinheit als Ordinate fortlaufend über Stunden aufzuzeichnen, ohne in seinen Angaben durch Atemfrequenz und Atemtiefe beeinflußt zu werden. Neben dem mittleren Luftvolumen wird außerdem die Zahl der Atemzüge verzeichnet.

6. Praktische Beispiele für die Anwendung der Gesamtanordnung zur Bestimmung des Ruhe- und Arbeitsumsatzes am Menschen.

5—10 Minuten vor Beginn des Versuches werden die Brückenakkumulatoren für den Kohlensäure- und Sauerstoffanalysator eingeschaltet und beide Brücken mittels der Widerstände genau abgeglichen. Dann wird die kleine Pumpe P der Abb. 13 und die Wasserflasche als Aspirator in Betrieb gesetzt. Während Frischluft durch die Anordnung gesaugt wird, sind allenfalls eintretende Galvanometerabweichungen von der Nullinie nunmehr nicht mit Hilfe der Brückenwiderstände, sondern durch Einstellung jener Hähne auszugleichen, welche zur Abgleichung des Luftstromes in den vier Hitzdrahtdüsen vorgesehen sind (9, 10, 11 der Abb. 13). Alsdann ist die Anordnung betriebsbereit. Ist die Anordnung an vorhergehenden Tagen schon genau geeicht worden, so begnügt man sich damit, eine Eichgasblase mit Ausatmungsluft zu füllen und mit dieser Füllung eine Eichkurve in der oben geschilderten Form für Kohlensäure- und Sauerstoffanalyse gleichzeitig vorzunehmen. Die Versuchsperson kann während der wenigen Augenblicke, welche diese Eichung beansprucht, bereits durch das Mundstück der Apparatur atmen. Die Empfindlichkeit der Anordnung würde sonst dazu führen, daß bereits jene kleinen Stoffwechselsteigerungen, welche mit der Plazierung der Versuchsperson vor dem Apparat verknüpft sind, in der zu schreibenden Ruhekurve zur Darstellung kommen, wie dies z. B. in der Ruhekurve der Abb. 21 deutlich der Fall ist.

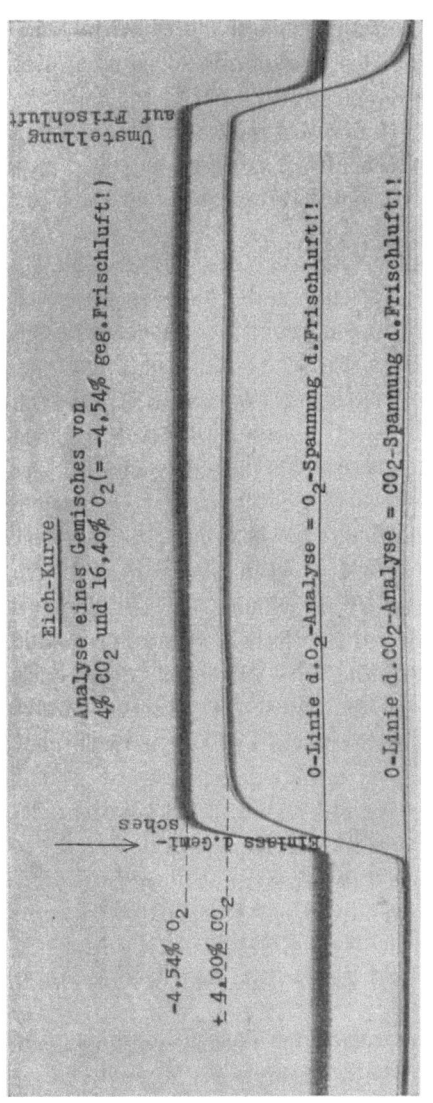

Abb. 20. Originaleichkurven für gleichzeitige Sauerstoff- und CO₂-Registrierung unmittelbar vor dem Versuch der Abb. 21. Papierbreite ist 12 cm.

Unmittelbar nach der Schreibung der Eichkurve, wird dann die Versuchsperson durch Drehung eines Hahnes angeschlossen, ohne daß ihr dies zum Bewußtsein kommt.

Die Abb. 20 zeigt eine Eichkurve, welche unmittelbar vor Aufnahme der Ruhegaswechselkurve der Abb. 21 registriert wurde. Man beachte die Konstanz der Nullinien und der Eichkurven selbst, die hier über einen Zeitraum von etwa 3 Minuten verzeichnet wurden.

Die Abb. 21 gibt die anschließend geschriebene Ruheumsatzkurve einer 35jährigen männlichen Versuchsperson in sitzender Stellung wieder. Man beachte, daß in den ersten 20 Sekunden sich noch Reste der Stoffwechselsteigerung geltend machen, die durch das Niedersetzen und Zurechtrücken der Versuchsperson vor dem Apparat hervorgerufen wurde. Schon nach 30 Sekunden aber ist Konstanz der Werte eingetreten und bleibt auch bestehen. In einem Zeitraum von 3 Minuten also gelingt es, einen Einblick in den Ruheumsatz der Versuchs-

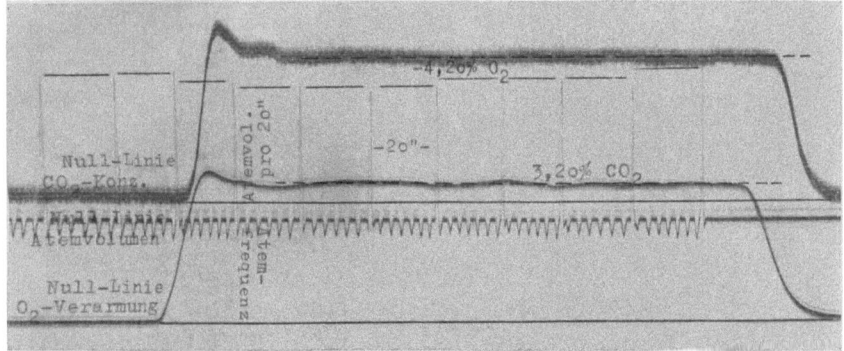

Abb. 21. Ruheumsatzversuch an 35jähriger männlicher Versuchsperson. (In dieser Abbildung sind die Bezeichnungen: „Null-Linie CO_2-Konz." und „Null-Linie O_2-Verarmung" zu vertauschen!)

person zu gewinnen. Der mitgeteilte Versuch gibt Auskunft über folgende Größen: mittlerer Frischluftverbrauch = 9 l pro Minute, mittlere Atemtiefe = 525 ccm pro Atemzug, mittlere CO_2-Konzentration der Ausatmungsluft = 3,2%, mittlere O_2-Verarmung der Ausatmungsluft gegenüber der Frischluft = 4,2%, mittlerer respiratorischer Quotient = 0,79 und schließlich findet man daraus als mittleren Umsatz der Versuchsperson 1,81 Kal. pro Minute.

Die Abb. 22 bringt die Durchführung eines Arbeitsversuches an einer 35jährigen männlichen Versuchsperson.

Der Versuch beginnt, wie oben beschrieben, mit einer hier nicht wiedergegebenen Eichung, sofern nicht bereits bei vorhergehenden Versuchspersonen eine solche vorgenommen worden war. Alsdann wird über eine Zeit von 1—3 Minuten der Ruheumsatz der Versuchsperson geschrieben. Der Beginn der Arbeit wird vom Versuchsleiter kommandiert und durch ein Lichtsignal in der Kurve festgehalten. Dieses Signal er-

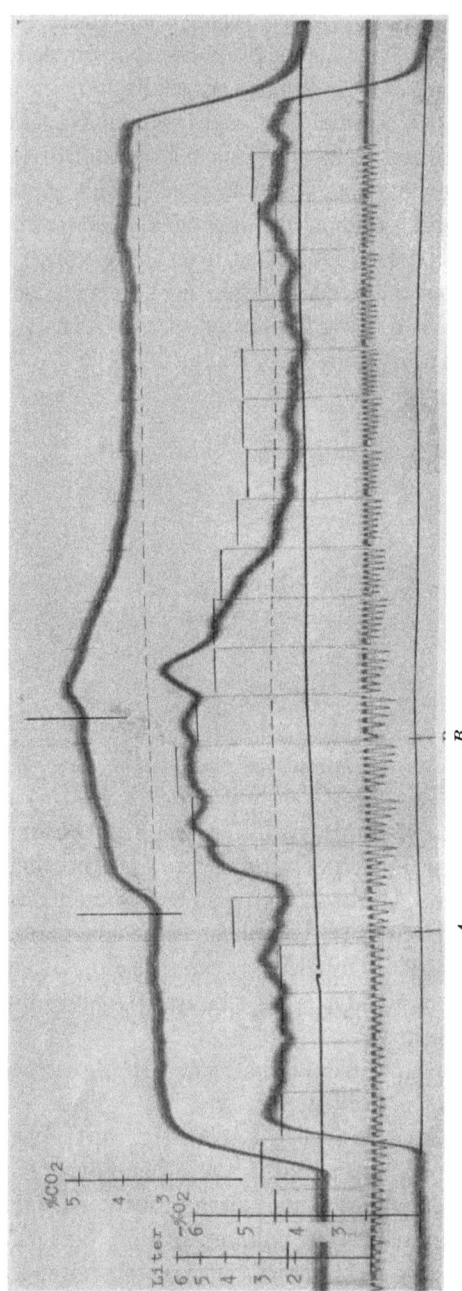

Abb. 22. Arbeitsversuch an 35 jähriger Versuchsperson. Zwischen den Lichtsignalen *A* u. *B* Kniebeugen. Oberste Kurve: prozentuale O_2-Verarmung der Ausatmungsluft. Dazwischen in Zacken zu je 20 Sekunden die Atemvolumschreibung (s. Text). Mittlere Kurve: CO_2-Konzentration, verzeichnet, deren Höhe das in den vorhergehenden 20 Sekunden verbrauchte Luftvolumen angibt (Eichung in Litern!). Die Zacken sind zu Säulen durch horizontale Striche ergänzt.

scheint in der Kurve der Abb. 22 als senkrechter schwarzer Strich. In gleicher Weise wird bei Beendigung der Arbeit verfahren, die in dem hier gewählten Beispiel in rhythmischen Kniebeugen bis zur tiefen Hocke bestand (und zwar 30 Beugen pro Minute). Nach der Arbeit wird solange in sitzender Stellung weitergeatmet, bis alle Werte wieder konstant sind, d. h. der Ruhewert des Umsatzes wieder erreicht worden ist.

Die Abb. 23 bringt die Auswertung des in Abb. 22 mitgeteilten Versuches. Diese erfolgt nach den oben beschriebenen Grundsätzen für einzelne Zeitabschnitte von je 20 Sekunden. Aus dem registrierten Atemvolumen, der prozentualen Sauerstoffverarmung und dem Kohlensäuregehalt der Ausatmungsluft werden direkt die absoluten Kohlensäure- und Sauerstoffmengen in Kubikzentimetern festgestellt und auf Normalwerte reduziert.

Der Ruhewert der sitzenden Versuchsperson ist danach: 324 ccm minutlicher Sauerstoffverbrauch bei gleichzeitiger minutlicher Abgabe von 246 ccm CO_2. Daraus ergibt sich ein respiratorischer Quotient von 0,76. Über diesen Ruhewert hinaus ergibt sich für die gesamte 80 sekundliche Arbeitsperiode ein Mehrverbrauch an Sauerstoff von 1290 ccm, eine Mehrausscheidung von CO_2 von 1160 ccm. Dargestellt durch die Flächen oberhalb der gestrichelten Ruhewertlinien in Abb. 23, für CO_2 ist diese schraffiert. Es gelingt also mit unserem Verfahren nunmehr tatsächlich die absoluten Gaswechselwerte jeder beliebigen Arbeitsperiode zu erfassen, da man aus den registrierten Kurven nach Abschluß der Arbeit genau den Rückgang der Gaswechselwerte zum Ruhewert feststellen kann und somit auch wirklich jene Veränderungen, welche allein mit der Arbeit in Zusammenhang stehen.

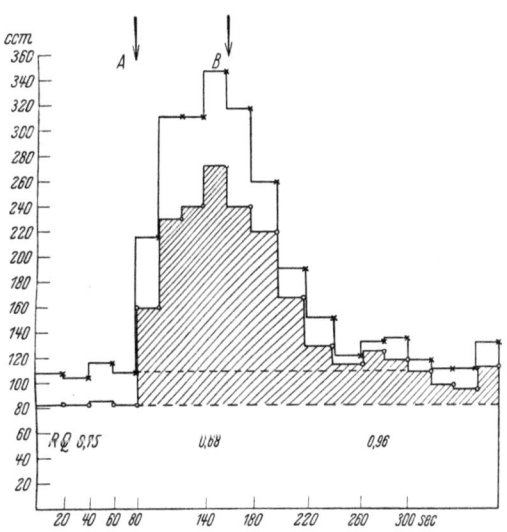

Abb. 23. Auswertung des Arbeitsversuches der Abb. 22. Linie mit Kreuzen: Sauerstoff, Linie mit Ringen: Kohlensäure. Mittlere Ruhewertlage mit Strichlinie angegeben. Schraffierte Fläche: Kohlensäuregesamtwert für die Arbeitsperiode. Unten: Gang des respiratorischen Quotienten (s. Text).

Als respiratorischer Quotient für die reine Arbeit ergibt sich bei solcher Betrachtung ein Wert von 0,9, also ein wesentlich höherer Wert als für den Ruhe-Umsatz. Rechnet man zu dieser allein auf Konto der Muskelarbeit zu setzenden Gaswechselsteigerung die Ruhewerte über jenen Zeitabschnitt hinzu, welcher verstreicht vom Beginn der Arbeit bis zur Wiederkehr des wirklichen Ruhegaswechsels, so erhält man den **Gesamtgaswechsel** während der Arbeitsperiode einschließlich Erholungszeit (s. u.). Dieser beträgt für unseren Versuch: 2830 ccm O_2 und 2345 ccm CO_2. Der respiratorische Quotient für den **Gesamtgaswechsel** während der Arbeitsperiode einschließlich Erholungszeit betrüge danach 0,83. Er ist nicht allein bestimmt durch die chemischen Umsetzungen des Arbeitsvorganges, sondern auch durch die gleichzeitig weiterlaufenden Vorgänge des Ruheumsatzes.

Neben diesen Werten für die gesamte Arbeitsperiode gewinnt man durch unser Verfahren aber auch einen Einblick in den ,,Gang" des Gaswechsels in jedem Moment der Gesamtarbeitsperiode, also während der Arbeit selbst und auch in der anschließenden Erholungszeit. Zunächst wird genau ersichtlich **wie lange die Steigerung des Gaswechsels über den Ruhewert hinaus nach Abschluß der Arbeit selbst anhält**. Unsere (gut trainierte) Versuchsperson hat für die gezeigte kurze Arbeitsperiode von 80 Sekunden etwa 170 Sekunden nach Abschluß der Arbeit nötig, um wieder auf den Ruhewert zu kommen. Als Regel ließ sich feststellen, daß selbst bei einer so schlecht dosierbaren Arbeitsleistung, wie sie das rhythmische Kniebeugen darstellt, unter Einhaltung einer bestimmten Arbeitsdauer und Kniebeugenzahl, nicht bloß für ein und dieselbe Versuchsperson, sondern auch für verschiedene Versuchspersonen größenordnungsmäßig gleiche Erholungszeiten zu finden sind. Und zwar beträgt deren Größe für 1 Minute der genannten Arbeitsweise im Mittel 2,5—3 Minuten. Eine einzige außerordentlich trainierte Versuchsperson (Dr. H., Mitglied einer Himalaja-Expedition) wurde in der erstaunlich kurzen Zeit von 1,2 Minuten mit der Erholung fertig. **Die Methode ermöglicht also erstmalig ein sehr genaues objektives Maß für die Erholungsfähigkeit eines Organismus nach Muskelarbeit in Versuchen von nur wenigen Minuten Dauer.**

Weiterhin gestattet das Verfahren Unterschiede im Verhalten der CO_2-Ausscheidung und O_2-Aufnahme in jedem Augenblick zu beobachten. Bestimmt man z. B. das Verhältnis $CO_2 : O_2$ (das in diesem Falle natürlich, da es ja nur für ganz kurze Zeitabschnitte bestimmt wird, nicht dem respiratorischen Quotienten im landläufigen Sinne gleichgesetzt werden darf!) für drei Punkte des Versuches in Abb. 23, so findet man: im Ruhezustand 0,75, auf der Höhe der Muskelarbeit 0,68, in der Mitte der Erholungszeit dagegen 0,96. Es sei gestattet, diese Größe als „respiratorischen Momentan-Quotienten" zu bezeichnen. Dieses Verhalten erweist, daß zunächst während der Arbeit die Sauerstoffaufnahme sehr viel rapider ansteigt als die CO_2-Ausscheidung, daß der Mehrbedarf an Sauerstoff aber sehr viel früher beendet ist als die gesteigerte Kohlensäureausscheidung. Den Gang dieses „respiratorischen Momentan-Quotienten" kann man sich aber auch in den registrierten Kurven direkt sichtbar machen. Man muß durch entsprechende Einstellung der Galvanometerempfindlichkeiten bewirken, daß — bei sich deckenden Null-Linien — die CO_2- und O_2-Kurve für gleiche Konzentrationen gleiche Ausschläge zeigen. Beim respiratorischen Quotienten 1 müssen dann beide Kurven sich genau decken. Ist der respiratorische Quotient kleiner wie 1, so wird die Sauerstoffkurve über der CO_2-Kurve liegen, wird er größer wie 1, so wird sich die O_2-Kurve unter die CO_2-Kurve lagern. In der Abb. 24 ist ein Versuch wiedergegeben, der diesen eben als typisch beschriebenen „Gang" des „respiratorischen Momentan-Quotienten" sehr deutlich direkt ersehen läßt. Der zahlenmäßige Wert ist jeweils über den ausgemessenen Kurvenpunkten eingetragen worden.

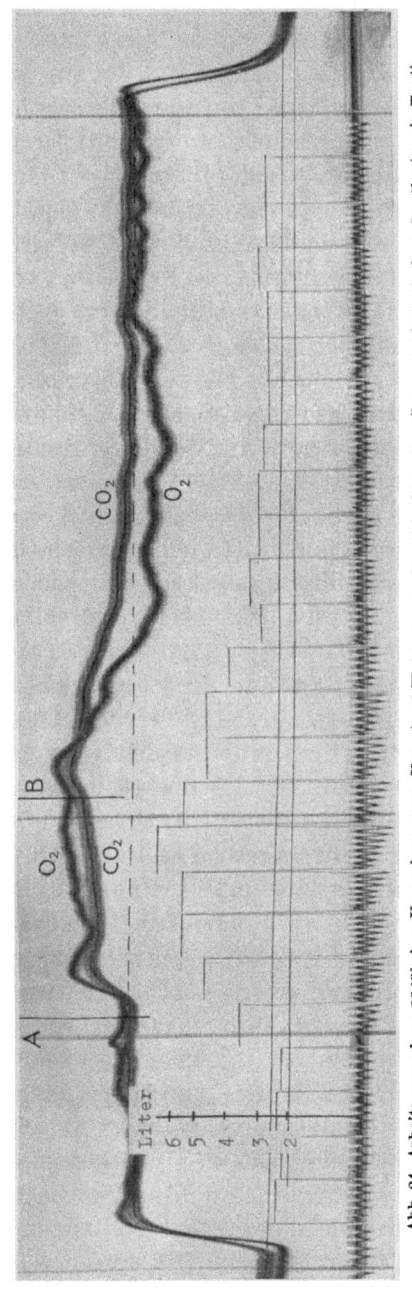

Abb. 24. Arbeitsversuch an 35 jähriger Versuchsperson. Von $A-B$ Kniebeugen. Beachte den „Gang" des respiratorischen Quotienten (s. Text).

Inwieweit der eben beschriebene Gang des respiratorischen Momentan-Quotienten Einblicke in den Chemismus der Muskelaktion gewährt, soll ausführlich in einer anderen Mitteilung erörtert werden. Nur soviel sei bemerkt, daß die Annahme einer beträchtlichen Ausschüttung von Säuren mit Beginn oder aber auch während der Arbeit in den Kreislauf dadurch widerlegt sein dürfte. Eine solche müßte ja wahrscheinlich zu einer initialen gesteigerten Kohlensäureauswerfung durch die Atmung führen. Davon ist aber niemals etwas zu bemerken. Der erste Akt ist vielmehr stets eine rapide Steigerung der Sauerstoffaufnahme.

Besonders auffallend ist weiterhin die Tatsache, daß von einem bestimmten Punkte der Erholungszeit an bei noch deutlich erhöhter Kohlensäurespannung in der Ausatmungsluft die Sauerstoffausnützung unter Umständen deutlich geringer ist als im Ruhewert. Diese Erscheinung deckt sich zeitlich mit den Höchstwerten des respiratorischen Momentan-Quotienten. Man sieht dieses Absinken der Kurve für die prozentuale Sauerstoffverarmung der Ausatmungsluft unter den Ruhewert sehr klar in den Abb. 12, 22 und 24. Bei genauerer Untersuchung ließ sich herausfinden, daß die Ursache für dieses zunächst erstaunlich erscheinende Verhalten der Kurve in der Atemgröße zu suchen ist. Die Atmung ist in unserer Anordnung ja nicht eine künstlich entstellte, sondern ihre Größe wird ausschließlich bestimmt durch die physiologischen Regulationsvorgänge, und diese physiologisch regulierte Atmung wird als solche unverzerrt im Atemvolumen und der Atemfrequenz wiedergegeben. Das erwähnte Absinken der Sauerstoffverarmung in der Ausatmungsluft unter den Ruhewert findet statt bei noch deutlich gesteigerter Kohlensäurespannung in dieser und bei noch immer erhöhtem Atemvolumen. Das Atemvolumen scheint dabei der Kohlensäureherausschaffung angepaßt zu sein, hinsichtlich des Sauerstoffbedarfes aber besteht bereits eine Überventilation. Man bekommt direkt vor Augen geführt, wie für das Atemvolumen nicht so sehr der Sauerstoffverbrauch als vor allem die Kohlensäurespannung maßgebend ist. Dies kommt auch ganz allgemein zum Ausdruck in der sehr viel größeren Ruhe der Kohlensäurekurven. Das stets gut regulierte Atemvolumen sorgt für relative Konstanz der Kohlensäurewerte in der Ausatmungsluft, während die Sauerstoffausnützung sich dem schwankenden Atemvolumen anzupassen hat.

Hinsichtlich der Atemregulierung endlich zeigen die Versuche, daß unter physiologischen Verhältnissen die Zunahme des mittleren Atemvolumens zunächst fast ausschließlich durch gesteigerte Atemtiefe ohne

Frequenzsteigerung vor sich geht, was ja allgemein bekannt ist. Merkwürdig ist nur, daß in jenem eben schon ausführlich erörterten Stadium der Erholung, in welchem der respiratorische Momentan-Quotient sehr groß wird und hinsichtlich des Sauerstoffbedarfes eigentlich schon Überventilation besteht, sehr häufig deutliche Zunahme der Atemfrequenz bei abnehmender Atemtiefe zu beobachten ist (s. Abb. 22). Es liegt sehr nahe, anzunehmen, daß hier noch ein anderer Faktor als nur die Kohlensäurespannung des Blutes am Atemzentrum wirksam wird. Folgerungen für den Muskelchemismus liegen nahe und sollen anderweitig gezogen werden.

Die wenigen mitgeteilten praktischen Beispiele hatten lediglich den Zweck, zu zeigen, in welcher Weise mit dem vom Verfasser geschaffenen Verfahren die Untersuchung am Menschen ausgeführt wird, und welche vielseitigen Einblicke in die Stoffwechsel- und Atmungsvorgänge es zu eröffnen vermag. Wenn Gelegenheit genommen wurde, auf die Beobachtungen bei Muskelarbeit etwas näher einzugehen, so war damit die Absicht verbunden, einige vielleicht grundsätzlich wichtige Feststellungen, die mit bisherigen Methoden nicht in gleicher Klarheit erhoben werden konnten, erstmalig mitzuteilen. Das gilt vor allen Dingen für das Verhalten des neueingeführten „respiratorischen Momentan-Quotienten" und für den zeitlichen Ablauf der Erholungsvorgänge nach Muskelarbeit.

7. Anwendung des Verfahrens im Tierversuch.

Der Anwendung des Verfahrens am Tiere erwachsen keinerlei Schwierigkeiten. Es ist kein Kunststück, kleine Modifikationen vorzunehmen, welche die Anwendung zu den verschiedensten Tierversuchen möglich machen. Es sei erwähnt, daß die Anordnung vom Verfasser an Hunden im akuten Versuch in der Weise benutzt wird, daß der Auslaßstutzen der Starlingschen Atempumpe direkt mit der Apparatur verbunden wird. In diesem Falle ist bei konstant gehaltenem Atemvolumen die Atemvolumschreibung überflüssig. Die Kurven können direkt in Absolutwerte für CO_2 und O_2 umgeeicht werden. Aber auch am spontan atmenden Tier kann die Anordnung durch Anschluß an die Trachealkanüle zur Anwendung kommen, dann natürlich unter Benutzung des Atemvolumschreibers. Auch am Starlingschen Herz-Lungenpräparat wird die Apparatur vom Verfasser und Mitarbeitern (zur Ermittelung des Herzgaswechsels) verwendet unter direktem Anschluß an die Atempumpe.

Für kleinere Tiere ist die Anordnung in der Weise benutzbar, daß diese in einen entsprechenden Stoffwechselkasten gesetzt werden. Aus diesem wird unter Umgehung des großen Mischgefäßes die Luft durch die Pumpe P der Abb. 13 direkt in die Analysenapparatur gesaugt. Auch hierbei ist das durchgesaugte Volumen konstant und daher die Kurve direkt auf Absolutwerte für Kohlensäure und Sauerstoff zu eichen.

Zusammenfassung.

1. Es wird ein neues Verfahren beschrieben, welches an Mensch und Tieren die fortlaufende Registrierung der prozentualen Sauerstoffverarmung und des prozentualen Kohlensäuregehaltes der Ausatmungsluft ermöglicht. Die Anordnung ist genau eichbar und die Analysengenauigkeit entspricht jener der bekannten Haldaneschen Gasanalysenapparate.

2. Es wird ein Atemvolumschreiber mitgeteilt, welcher ohne jede Behinderung der Atmung, ohne Beeinflussung durch Atemtiefe und Frequenz das mittlere Atemvolumen pro Zeiteinheit als Ordinate über beliebig lange Zeiten zu registrieren gestattet und zugleich die Atemfrequenz notiert.

3. Die unter 1 und 2 genannten Anordnungen lassen sich zu einer Gesamtapparatur vereinigen[1], welche nicht nur zur genauen Bestimmung des Ruheumsatzes, sondern vor allem auch zur Ermittelung des Arbeitsumsatzes usw. verwendet werden kann, ohne Rücksicht auf die Versuchsdauer. Dabei ist die Atmung eine physiologische, d. h. es wird Frischluft geatmet, und die Atmung kann sich in vollem Umfange der Regelung durch das Atemzentrum fügen, ohne auf Widerstände oder Vergewaltigungen im Interesse der Apparatur zu stoßen. Daher eröffnet die Anordnung auch neue Einblicke in die Physiologie und Pathologie der Atmungsregulierung bzw. des Kreislaufes.

4. Es werden einzelne Mitteilungen über Feststellungen bei Muskelarbeit gemacht. Der respiratorische Momentan-Quotient, eine neueingeführte Größe, zeigt ein typisches Verhalten in der Weise, daß er während der Muskelarbeit kleiner wird als bei Muskelruhe, um erst in der Erholungszeit Werte über 1 zu erreichen. Es wird ein genaues Bild entworfen über den Verlauf des Gaswechsels und der Atmung bei kurzer heftiger Muskelarbeit des gesunden Menschen.

5. Über die Anwendung der Methode im Tierversuch wird kurz berichtet.

Die Möglichkeit zur Durchführung der Versuche verdanke ich der mir in so hohem Maße zuteil gewordenen Hilfe der Rockefeller-Foundation.

Literatur.

1. Rein, H.: Verh. dtsch. pharmak. Ges. **1932**, 96. — 2. Knipping, H. W.: Hoppe-Seylers Z. **141** (1924). — 3. Anrep, Downing a. Rau: Heart 14, 111 (1927). — 4. Burgers, J. M.: In: Wien-Harms Handb. d. exper. Physik IV, 1, 635ff., 1931). — 5. Koepsel, A.: Verh. dtsch. physikal. Ges. **1908**, 814.

---
[1] Herstellung und Lieferung übernahm Hellige & Co., Freiburg i. Br.

Verlag von Julius Springer / Berlin und Wien

Der Mineralbestand des Körpers. Von Dr. **Wolfgang Heubner,** Professor in Heidelberg. (Sonderausgabe des gleichnamigen Beitrages im „Handbuch der normalen und pathologischen Physiologie", Band XVI/2.) 94 Seiten. 1931. RM 8.80*

[W] **Die Praxis der Grundumsatzbestimmungen.** Von Dr. **Viktor Niederwieser,** Assistent an der Universitäts-Kinderklinik in Innsbruck. Mit 4 Abbildungen. VIII, 61 Seiten. 1932. RM 4.20

Die Wasserstoffionenkonzentration. Ihre Bedeutung für die Biologie und die Methoden ihrer Messung. Von **Leonor Michaelis,** New York. Zweite, völlig umgearbeitete Auflage. Unveränderter Neudruck mit einem die neuere Forschung berücksichtigenden Anhang. Mit 32 Textabbildungen. XII, 271 Seiten. 1922. Unveränderter Neudruck 1927.
Gebunden RM 16.50*

Als zweiter Teil der „Wasserstoffionenkonzentration" erschien:

Oxydations-Reductions-Potentiale mit besonderer Berücksichtigung ihrer physiologischen Bedeutung. Von **Leonor Michaelis,** New York. Zweite Auflage. Mit 35 Abbildungen. XI, 259 Seiten. 1933. RM 18.—; gebunden RM 19.60

Bilden Band I und XVII der „Monographien aus dem Gesamtgebiet der Physiologie der Pflanzen und der Tiere".

Die Bestimmung der Wasserstoffionenkonzentration von Flüssigkeiten. Ein Lehrbuch der Theorie und Praxis der Wasserstoffzahlmessungen in elementarer Darstellung für Chemiker, Biologen und Mediziner. Von Dr. med. **Ernst Mislowitzer,** Privatdozent für physiologische und pathologische Chemie an der Universität Berlin. Mit 184 Abbildungen. X, 378 Seiten. 1928. RM 24.—; gebunden RM 25.50*

Säure-Basen-Indicatoren. Ihre Anwendung bei der colorimetrischen Bestimmung der Wasserstoffionenkonzentration. Von Dr. **I. M. Kolthoff,** o. Professor für Analytische Chemie an der Universität von Minnesota in Minneapolis, USA. Unter Mitwirkung von Dr. Harry Fischgold, Berlin. Gleichzeitig vierte Auflage von „Der Gebrauch von Farbindicatoren". Mit 26 Abbildungen und einer Tafel. XI, 416 S. 1932. RM 18.60; geb. RM 19.80

Die kolorimetrische u. potentiometrische p^H-Bestimmung. Die Anfangsgründe der elektrometrischen Titrationen. Von Dr. **I. M. Kolthoff,** o. Professor der Analytischen Chemie an der Universität von Minnesota in Minneapolis, USA. Autorisierte Übertragung ins Deutsche von Dipl.-Ing. Oskar Schmitt, Technische Hochschule Dresden. Mit 36 Abbildungen. IX, 146 Seiten. 1932. RM 9.60

---

* Auf die Preise der vor dem 1. Juli 1931 erschienenen Bücher des Verlages Julius Springer-Berlin wird ein Notnachlaß von 10% gewährt. [W] *Verlag von Julius Springer-Wien.*

If you have any concerns about our products,
you can contact us on
ProductSafety@springernature.com

In case Publisher is established outside the EU,
the EU authorized representative is:
**Springer Nature Customer Service Center GmbH
Europaplatz 3, 69115 Heidelberg, Germany**

Printed by Libri Plureos GmbH
in Hamburg, Germany